KB047668

한일대역 — 일본을 읽는다

도쿄 산책

通訳ガイドがナビする東京歩き
（増補改訂版）

마쓰오카 아키고 지음 | 이토 히데토 · 승현주 감수
근상제미 옮김

이 도서의 국립중앙도서관 출판시도서목록(CIP)은 e-CIP홈페이지(http://www.nl.go.kr/ecip)와
국가자료공동목록시스템(http://www.nl.go.kr/kolisnet)에서 이용하실 수 있습니다.
CIP2016014953

通訳ガイドがナビする東京歩き 増補改訂版 Tokyo: A Walking Tour
by 松岡明子(著), ジョン・タラント(翻訳)

감수자의 글

『도쿄 산책[원제: 通訳ガイドがナビする東京歩き(増補改訂版)]』이 완성되었습니다. 이 책은 근상제미 여러분들의 노력과 한국어 모어 화자인 김순옥 선생님, 승현주 선생님의 지도와 조언을 바탕으로 완성된 결과물입니다.

한국과 일본은 이웃 나라이면서도 역사적인 면에서 크게 달라 한국인에게 일본을 설명할 때 곤란한 점이 많습니다. '다이묘(에도 시대의 봉건 영주. 토지는 소유하고 있지 않으나 징세권과 행정권이 있고 막부의 명령으로 이동도 함)'나 '가미야시키(다이묘가 에도에 설치한 제1공관)' 등의 말이 한국에 존재하지 않기 때문입니다. 옮긴이들은 이러한 어려움을 해결하고자 애쓰며, 또 여러 시설의 최신 정보를 조사해가며, 앞으로 일본을 방문할 한국인들에게 조금이라도 도움이 되기를 바라는 마음으로 이 책의 번역에 임했습니다. 이 책을 한 손에 들고 도쿄 구석구석을 만끽해주신다면 감수자로서 그 이상의 기쁨은 없을 것입니다.

이토 히데토

もくじ

차례

まえがき

私は東京のど真ん中育ちです。東京タワーが完成した頃、150メートルの展望台まで階段を駈け上ったり、皇居に隣接している日比谷公園になぜかあった吊り輪で鉄棒のぶら下がり練習をしたりしました。銀座のデパートも遊び場でした。現在、海外からのお客様をガイドしている原点は、そんな子供時代に経験した東京でのわくわくした気持ちを伝えたいからかもしれません。私の家の近くにはオランダ大使館があり、その頃から外国への興味を持ち始めていました。そして通訳ガイドになることが夢になったのです。

難関の通訳ガイド国家試験に受かってから現在に至るまで、失敗は数知れずあり、思い出すと今でも心臓がドキドキしてきます。上野の東京国立博物館に特別休館日(月曜が祭日の場合の翌日火曜日)に行ってしまったり、ある水曜日、朝5時起きしてお連れした築地魚市場が閉まっていたり！ さらには初めての大役で、パーティーの司会をしたときのことです。あまりの緊張で、乾杯の音頭を、あろうことか、なんと自分でしてしまいました！ 当時、私がガイドしたお客様にはなんとお詫びをしたらよいのか、世界中を行脚したいくらいです。

アジア某国の王女様のご一行を空港でお出迎えするとき、先頭を歩いてこられる随行の方を発見し、丁寧に英語でご挨拶、ご案内を始

들어가는 글

저는 도쿄 한복판에서 자랐습니다. 도쿄 타워가 완성될 무렵 150m 전망대까지 계단으로 뛰어오르거나 황거 근처의 히비야 공원에 뜬금없이 있었던 링에 매달려 철봉 연습을 하기도 했습니다. 긴자에 있는 백화점이 제 놀이터였습니다. 지금 하고 있는 해외 관광객 가이드를 시작하게 된 계기는 어린 시절 경험했던 도쿄에서의 가슴 설레던 기분을 모두에게 전하고 싶어서인지도 모릅니다. 우리 집 근처에는 네덜란드 대사관이 있었는데 아마 그때부터 외국에 흥미를 갖기 시작했던 것 같습니다. 그리고 통역사가 되는 꿈을 갖게 되었습니다.

어렵다는 통역 안내사 국가시험에 합격하고 지금까지 해왔던 수많은 실수를 떠올리면 아직도 심장이 두근거립니다. 우에노 도쿄국립박물관에 특별 휴관일(월요일이 공휴일인 경우는 그다음 날인 화요일)에 가버리거나, 어느 수요일에는 아침 5시에 일어나 여행객들과 쓰키지 시장에 갔는데 휴일인 적도 있었습니다. 게다가 처음으로 파티 진행이라는 큰 역할을 맡았을 때, 너무나 긴장한 나머지 건배 선창을 사회자인 제가 해버리기도 했습니다. 당시 제가 가이드를 담당했던 여행객들에게는 전 세계를 돌면서 사과하고 싶을 만큼 죄송스러운 심정입니다.

아시아 어느 나라의 공주님과 그 일행을 공항에 마중 나갔을 때 앞에서 걸어오는 수행원을 발견하고 정중한 영어로 인사한 후 안내를

めたところ、その方は某大手日本企業の現地日本人社長でした。日焼けしたそのお姿からすっかり現地の方と間違えてしまったのです。周りからの冷たい視線に冷や汗が出ました。

とんちんかんなあわてものガイドでしたが、持ち前のノリのよさと気の弱さからくるやさしさがお客様に気に入ってもらえるようになり、2年目にして、ツアー終了後、ギリシャのお客様から往復航空券が届きました。夢のようなギリシャ旅行のプレゼントでした。これでその後のガイド人生が決まってしまいました。

毎年日本を訪れる外国人は増えています。外国人と話をしていて、話題が日本の歴史や文化になったとき、答えに詰まってしまうことはないでしょうか。仏教と神道の違いは?天皇と将軍の関係は?明治維新って何? おすすめの観光地は? 日本ならではのお土産は? など、当然日本人なのだから知っているはずと聞かれたとき、すぐに答えられなくて恥ずかしく思ったことはありませんか。

通訳ガイド(通訳案内士)は二者間の話を通訳するのではなく、自分自身で話の内容を組み立ててガイドをすることが主な仕事です。日本各地の観光地や国立公園などの景勝地を外国人とともに旅をしながら、自然のなりたちの説明をしたり、各地の伝統文化や現代の生活ぶ

시작하고 보니 그 분은 일본의 모 대기업 직원으로 현지 일본인 사장님이었습니다. 햇볕에 검게 탄 모습을 보고 현지 분이라고 완전히 착각한 것입니다. 주변의 차가운 시선에 식은땀이 흘렀습니다.

덜렁대고 실수 연발인 가이드였지만 분위기를 잘 맞출 수 있는 타고난 천성과 여린 마음에서 느껴지는 따뜻함을 여행객들이 인정해주셔서 가이드 2년차, 투어가 끝난 후에 그리스의 여행객으로부터 왕복 항공권을 선물로 받았습니다. 꿈만 같은 그리스 여행 선물이었습니다. 이 일로 가이드 생활을 계속해나가기로 마음먹었습니다.

매년 일본을 방문하는 외국인의 수는 증가하고 있습니다. 외국인과 이야기를 하다가 일본의 역사나 문화 이야기가 나오면 대답이 막히거나 하지 않습니까? 불교와 신도의 차이, 천황과 장군의 관계, 메이지 유신은 뭐지? 가볼 만한 관광지는? 일본을 대표하는 기념품은? 일본 사람이니까 당연히 알고 있을 거라고 여겨 물어왔을 때 곧바로 대답하지 못해 부끄럽다고 생각한 적은 없습니까?

통역 가이드(통역 안내사)는 두 사람 사이의 이야기를 통역하는 것뿐만 아니라 자기 스스로 이야기의 내용을 구성해서 안내할 줄 알아야 합니다. 일본 각지의 관광지나 국공립 공원 등의 경승지를 외국인과 함께 여행하면서 자연의 섭리를 설명하거나 각지의 전통 문화와 현대 생활

りなどをご紹介したりと、多岐にわたる話題を分かりやすく、興味を引くようにガイドしなければなりません。

通訳ガイドになりたての頃はガイドのテキスト文を丸暗記し、マイクを握り締めて必死にしゃべりまくっていました。お客様からは、単刀直入に素朴な質問がぽんぽん飛び出し、あわてているうちに説明したかった建物も通り過ぎ、何の話題だったのかも解らなくなる始末です。しかし、だんだんとコツをつかんで、質問される前に先回りをしてガイドするようになると、やっとマイペースで楽しくガイドできるようになりました。日本を客観的に見る習慣もつきました。遠く海を越えてわざわざ訪日されたお客様の心を受け止め、日本に感動していただくためにはどうしたらよいのか?

まずは日本を自分なりに多面的に見直してみる。そして、子供がよくする「なぜ?」という質問を自問自答しつつ、やがて日本を再発見することが大切だと気づきました。感性を磨き、出会った方々の文化的背景や、個人的な興味を探り出して、無理のない糸口を見つけて、話題を選び相互の感性の交流ができることを心がけるようになりました。

そんな私が、マイクを持つ手をペンに換えて、本書にて、20数年

상 등을 소개하며 다방면에 걸친 화제를 알기 쉽고 흥미를 끌어낼 수 있도록 안내하지 않으면 안 됩니다.

막 통역 가이드가 되었을 때는 가이드 교과서의 문장을 통째로 암기했고 마이크를 꽉 부여잡고 필사적으로 떠들어댔습니다. 여행객들로부터는 단순하고 소박한 질문들이 날아들었고 당황해 하는 사이에 설명해야 할 건물이 지나가버려 무슨 이야기였는지조차 기억나지 않을 때도 있었습니다. 그러나 점점 요령이 생겼고 질문받기 전에 먼저 설명할 수 있게 되자 드디어 자신의 페이스에 맞춰 즐겁게 안내할 수 있게 되었습니다. 일본을 객관적으로 보는 습관이 생겼습니다. 멀리 바다를 건너 일부러 일본을 방문해주신 여행객들의 마음을 이해하고 감동을 주기 위해서는 어떻게 하면 좋을까?

먼저 일본을 내 나름대로 여러 방향에서 재평가해보고 아이들이 자주 '왜?'라고 질문하는 것처럼 자문자답해가며 드디어 일본을 재발견하는 것에 대한 중요함을 깨달았습니다. 감성을 키우고, 만나는 분들의 문화적 배경이나 개인적인 흥미를 찾아내 자연스럽게 화제를 끌어내 서로의 감정을 교류하는 것에 힘을 쏟게 되었습니다.

그랬던 제가, 손에 쥐었던 마이크를 펜으로 바꿔 잡고 이 책에서 20여 년 동안의 경험을 통해 얻은 일본의 수도 '도쿄'를 제대로 보는 법,

のキャリアを通して得た日本の首都、「東京」の見方、歩き方、多少のうんちくを語りつつ、皆様を東京ツアーへとご案内いたします。一人でも多くの方が、海外の方々とご一緒に、楽しみながら、東京の魅力を再発見し、伝統を再認識し、多様な文化を満喫していただけたらと願っております。

最後に、本書を執筆するにあたって、多くの示唆に富む情報をご提供くださった、NPO法人通訳ガイド&コミュニケーション・スキル研究会(GICSS)の研修講師の皆様、さまざまな助言をしてくれた家族に感謝の意を表したく思います。

2014年4月

松岡明子

▷ 東京スカイツリーの完成、富士山の世界文化遺産登録、2020年東京オリンピック開催決定など、東京を取り巻く状況も日々変わっています。そこで本改訂版では、そうした新しいスポットや情報に加え、変わってゆくものと変わらないもの、文化継承のために最新技術で改修されたスポットなどを新たにご紹介しました。

가볼 만한 곳, 약간의 전문 지식을 전해드리고 여러분에게 도쿄를 안내해드리려고 합니다. 한 분이라도 더 많은 분이 해외에서 오는 분들과 함께 즐기면서 도쿄의 매력을 재발견하고 전통을 재확인하고 다양한 문화를 만끽하실 수 있기를 바랍니다.

마지막으로 이 책을 집필하는 데 여러 풍부한 시사적 정보를 제공해 주신 NPO 법인 통역 가이드&커뮤니케이션 스킬 연구회(GICSS) 연수 강사 여러분, 많은 조언을 해준 가족에게 감사의 말을 전합니다.

2014년 4월

마쓰오카 아키코

▷ 도쿄 스카이트리 완성, 후지 산 세계문화유산 등재, 2020년 도쿄 올림픽 개최 결정 등 도쿄를 둘러싼 상황들도 매일같이 변하고 있습니다. 이 개정판에서는 그러한 점을 염두에 두고 새로운 장소나 정보를 보태며, 변한 것과 변하지 않는 것, 문화 계승을 위해 최신 기술로 개·보수한 장소 등을 새롭게 소개하고 있습니다.

1 粋な浅草から東京スカイツリー (1)

정취 있는 아사쿠사에서 도쿄 스카이트리로 (1)

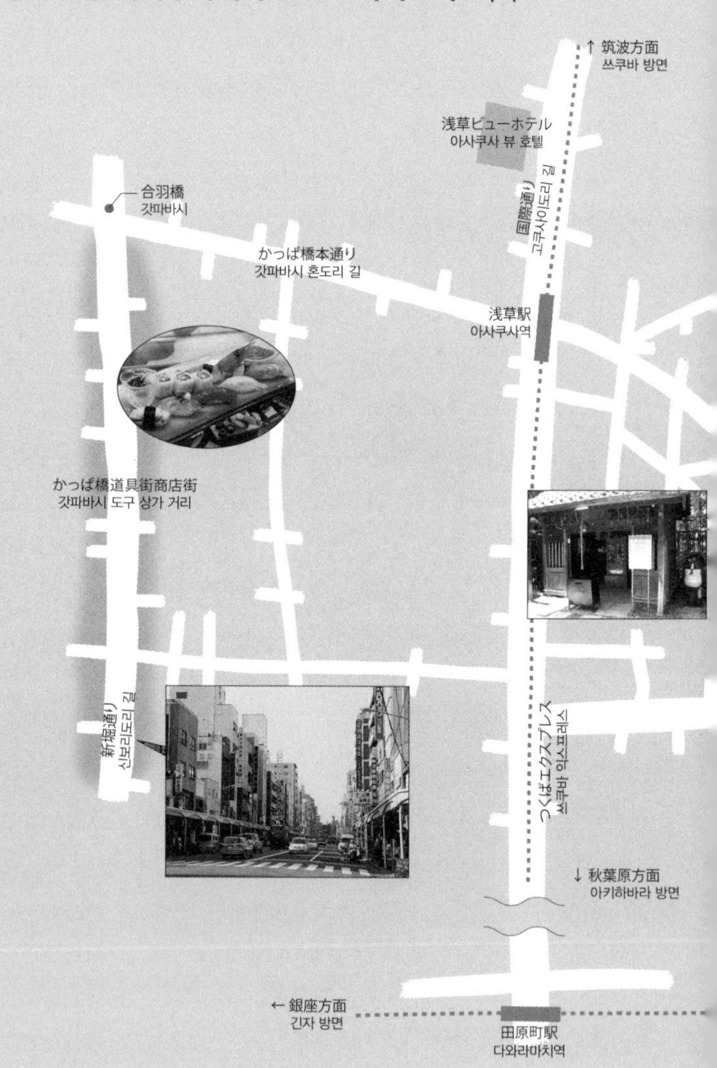

浅草寺
센소지
浅草観音
아사쿠사 관음보살
奥山おまいりまち
오쿠야마 오마이리마치 길
五重塔
오층탑
ちどり屋
지도리야
宝蔵門
호조몬
日本庭園
일본정원
伝法院通り
中屋(本店)
나카야(본점)
伝法院
덴보인
ふじ屋
후지야
鎮護堂
진호당
伝法院通り
덴보인도리 길
浅草公会堂
아사쿠사 공회당
仲見世通り
나카미세도리 길
文扇堂
분센도
かね惣
가네소
雷門通り
가미나리몬도리 길
雷門
가미나리몬
↗ 押門方面
오시아게 방면
成田方面 →
나리타 방면
浅草駅
아사쿠사역
都営浅草線
아사쿠사선
日本橋方面
니혼바시 방면 ↙
銀座線
긴자선

1 粋な浅草から東京スカイツリー (2)

정취 있는 아사쿠사에서 도쿄 스카이트리로 (2)

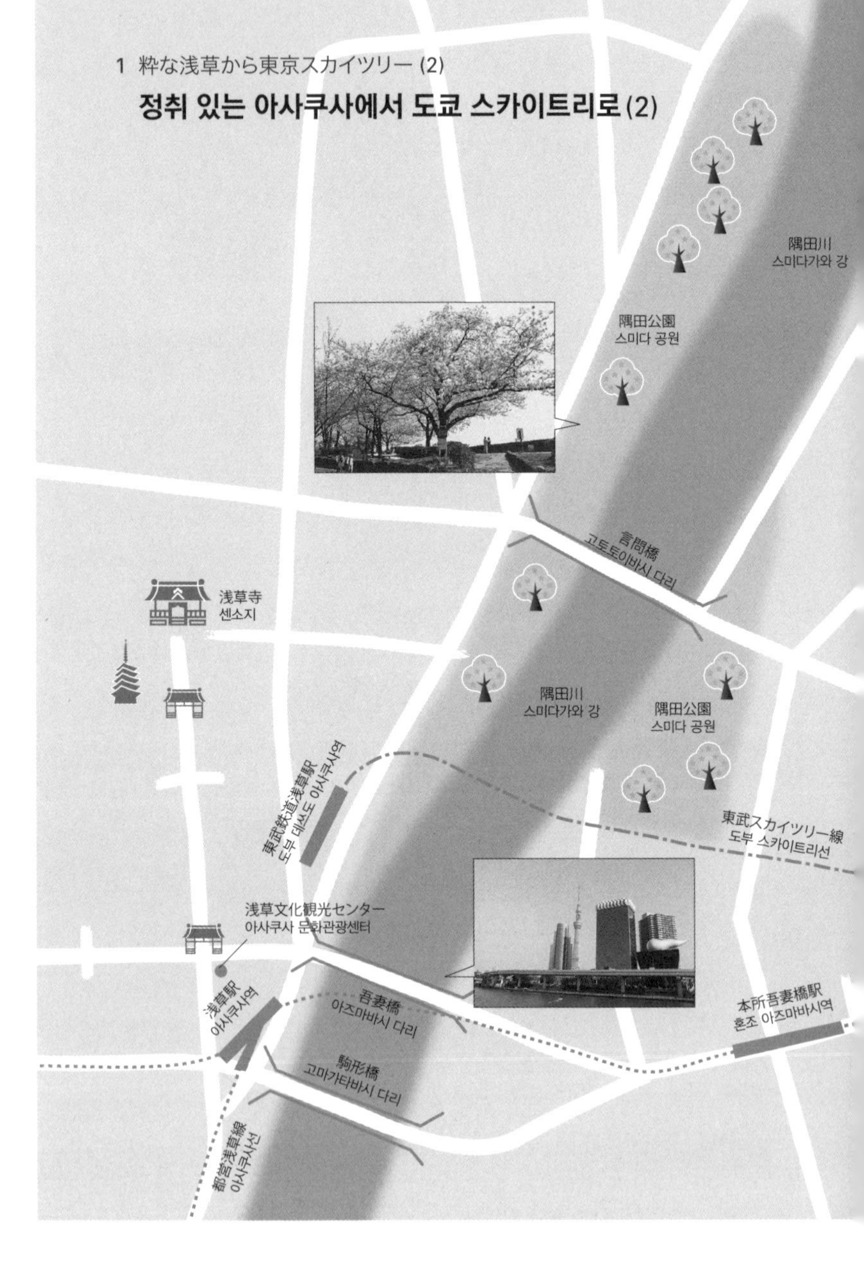

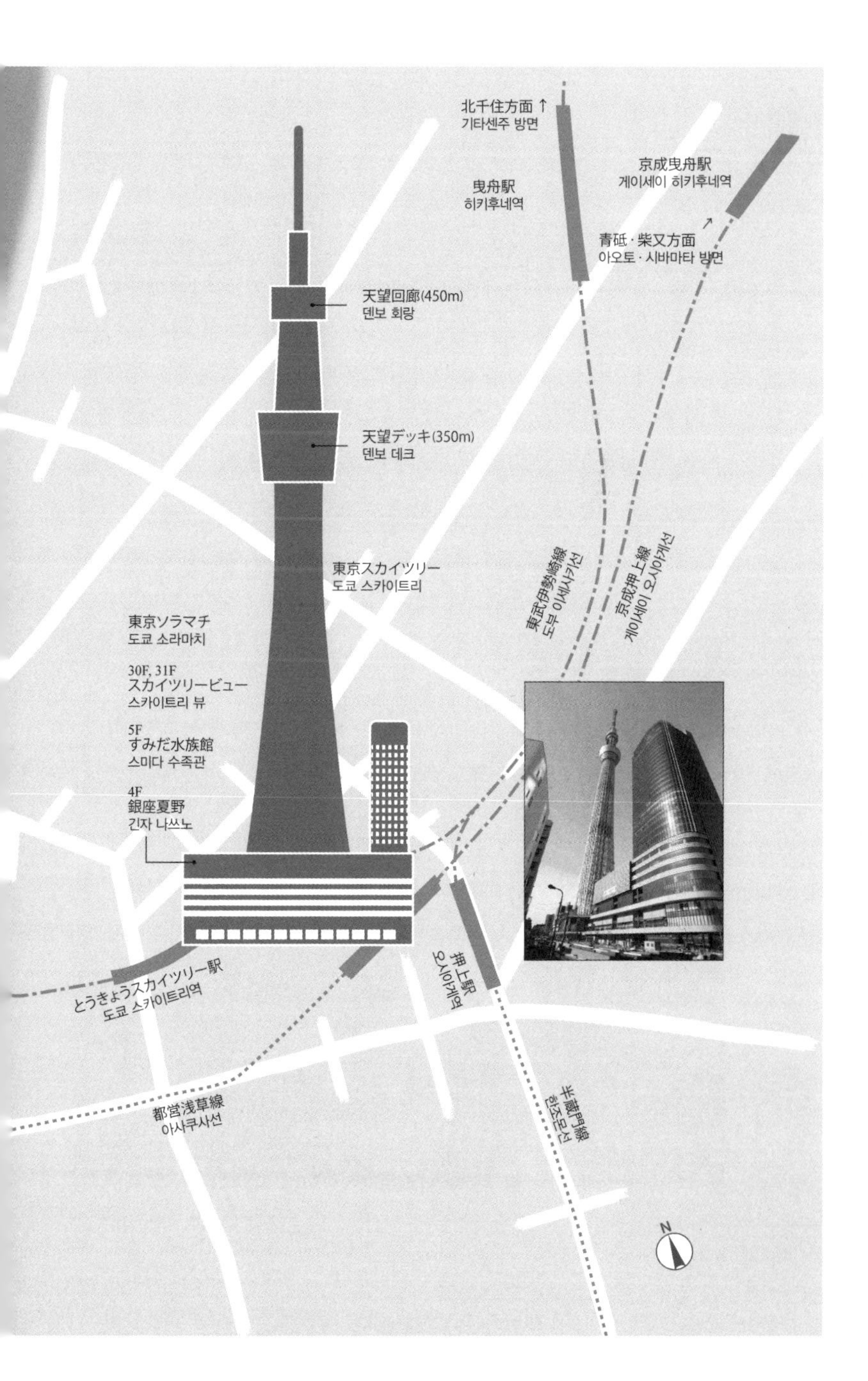
北千住方面 ↑
기타센주 방면
京成曳舟駅
게이세이 히키후네역
曳舟駅
히키후네역
青砥 · 柴又方面
아오토 · 시바마타 방면
天望回廊(450m)
덴보 회랑
天望デッキ(350m)
덴보 데크
東京スカイツリー
도쿄 스카이트리
東武伊勢崎線
도부 이세사키선
京成押上線
게이세이 오시아게선
東京ソラマチ
도쿄 소라마치
30F, 31F
スカイツリービュー
스카이트리 뷰
5F
すみだ水族館
스미다 수족관
4F
銀座夏野
긴자 나쓰노
とうきょうスカイツリー駅
도쿄 스카이트리역
押上駅
오시아게역
都営浅草線
아사쿠사선
半蔵門線
한조몬선
N

浅草

1590年に江戸へ入城し、その後1603年に将軍となった徳川家康が取り組んだ事のひとつは、戦国時代が終わって、雑兵としての仕事を失った日本中の若者たちをいかにして新規開発事業に巻き込むかでした。イタリアのベニスにヒントを得た家康が目指したのは、さまざまな職業の人間が造る活気のある商業都市でした。そして、城や堀を造る土木建築職人、江戸湾の魚介類を捕り加工する漁師、日常生活に必要な道具を作る職人などによる江戸の町造りが本格的に動き出し、江戸の町は、その後さらに大都会東京へと発展していったのです。

東京の原点はまさに江戸にあります。東京を楽しむためには江戸情緒が欠かせません。そして江戸文化を色濃く残し、東京で一番人気がある観光名所といえば、なんといっても浅草です。

浅草·浅草寺の観音様をお参りする人は年間1500万人。昔から参詣人のお目当ては、観音様のご利益もさることながら、楽しい仲見世通りでの買い物だったのです。それも、表通りのお土産店だけでなく、一本裏手の通りに入ったり、ちょっと横丁の角を曲がってみると、そ

浅草寺 센소지

仲見世通り 나카미세도리 거리

아사쿠사

1590년 에도에 입성하고, 그 후 1603년, 장군의 직에 오른 도쿠가와 이에야스(1543~1616)가 공을 들인 일 중 하나는 전국 시대가 끝나고 잡병으로서의 일자리를 잃은 전 일본의 젊은이들을 어떻게 신규 개발 사업에 참가하도록 할 것인가였습니다. 이탈리아 베니스에서 힌트를 얻은 이에야스가 지향한 것은 다양한 직업을 가진 사람들이 만드는 활기찬 상업 도시였습니다. 그리하여 성이나 해자(외부로부터의 침입을 막기 위해 만든 인공 못)를 만드는 토목 건축 장인, 에도 만에서 어패류를 잡아 가공하는 어부, 일상 생활에 필요한 도구들을 만드는 장인 등에 의한 에도의 도시 건설이 본격적으로 움직이기 시작하고, 에도는 그 후 대도시 도쿄로 발전해갔습니다.

도쿄의 원점은 바로 에도에 있습니다. 도쿄를 즐기기 위해서는 에도의 정취를 빠뜨릴 수 없습니다. 그리고 에도 문화가 남아 있어 도쿄에서 가장 인기가 좋은 관광 명소라고 하면 뭐니 뭐니 해도 역시 아사쿠사입니다.

아사쿠사·센소지의 관음보살을 참배하는 사람은 연간 1500만 명. 옛날부터 참배자들의 목적은 관음보살의 공덕도 물론이지만 즐거운 나카미세도리 거리에 장을 보러 가는 것이었습니다. 그것도 큰길에 즐비한 기념품 가게뿐만 아니라 뒷길로 들어가거나 골목의 모퉁이를 돌아가 보면 그곳에서 진짜 아사쿠사의 매력, 대대로 이어받은 장인의 손으로 만든 여러 물건들, 장인들의 기예를 만날 수 있습니다.

가미나리몬으로 바로 향하고 싶지만 설레는 마음을 가라앉히고 우선 아사쿠사의 전경을 한눈에 바라볼 수 있는 명소를 추천하겠습니다.

浅草文化観光センター
・台東区雷門2-18-9
・03-3842-5566
・9:00~20:00
・https://www.city.taito.lg.jp/index/bunka_kanko/kankocenter/a-tic-gaiyo.html(韓国語閲覧可能)
・年中無休(メンテナンスによる中止を除く)

아사쿠사 문화관광센터
・다이토구 가미나리몬 2-18-9
・03-3842-5566
・9:00~20:00
・https://www.city.taito.lg.jp/index/bunka_kanko/kankocenter/a-tic-gaiyo.html(한국어 안내 지원)
・연중무휴(시설 점검 및 정비로 인한 휴업 제외)

雷門 浅草寺の総門。江戸初期の建立後、3回の火災に遭い、現在の門は1960年再建。
가미나리몬 센소지의 정문. 에도 시대 초기에 건립된 후 세 번의 화재를 겪었으며, 현재의 문은 1960년에 재건되었다.

こに本当の浅草の魅力、代々受け継がれた職人の手作りの品々、匠の技に出会います。

雷門をすぐにめざしたいのですが、はやる心を抑えてまずは浅草の全容が見渡せるスポットをおすすめします。真向かいにある浅草文化観光センターです。隅研吾がデザインを手がけ2012年にリニューアルしました。浅草界隈には伝統的な平屋家屋がまだまだ健在ですが、その平屋を積み木のごとく縦に積み上げたデザイン、外壁は不燃加工を施した杉の集成材でできている8階建の黒い建物です。

1階で浅草全体地図をゲットした後はぜひ8階に上ってみてください。仲見世通りが一列に緑の屋根を見せながらつながり、その先に浅草寺の宝蔵門、その左に五重塔そして本堂が見渡せます。五重塔はその耐震性がいまだに明らかではないのですが、大地震でも決して倒壊しないという事実が物語る先人の知恵の結晶です。視線を右方向に移すと東京スカイツリーが見えます。隅田川をはさんで伝統の五重塔と最新技術の東京スカイツリーが対峙しているここからの風景はまさに温故知新。一見に値します。

まずは雷門から仲見世通りを本堂に向かって歩きます。合計90あまりの店舗があり、長さは約250

길을 끼고 바로 건너편에 있는 아사쿠사 문화관광센터입니다. 구마 겐고가 디자인을 담당해 2012년 새 단장을 마쳤습니다. 아사쿠사 근처에는 전통적인 단층집들이 아직도 남아 있는데 그 단층집들을 한 층 한 층 수직으로 쌓아 올린 디자인으로 외벽은 불연 가공한 삼나무로 되어 있는 8층짜리 검은 건물입니다.

浅草文化観光センター
아사쿠사 문화관광센터

1층에서 아사쿠사 전체 지도를 구한 뒤에는 꼭 8층에 올라가 봅시다. 녹색 지붕이 일렬로 늘어서 있는 나카미세도리 거리, 그 앞쪽에 센소지 호조몬, 그 왼쪽에 오층탑, 그리고 대웅전을 한눈에 바라볼 수 있습니다. 오층탑은 그 내진성이 아직도 해명되지 않았지만 대지진이 덮쳤을 때조차 무너지지 않았다는 사실이야말로 선인의 지혜로운 결정체라는 것을 증명하고 있습니다. 시선을 오른쪽으로 돌리면 도쿄 스카이트리가 보입니다. 스미다가와 강을 끼고 전통적인 오층탑과 최신 기술의 도쿄 스카이트리가 마주 보고 있습니다. 여기서 풍경을 바라보면 바로 온고지신을 느낄 수 있는데 꼭 한 번 볼 만한 것입니다.

우선 가미나리몬에서 센소지 대웅전 쪽으로 향해 있는 나카미세도리 거리를 걸어가 보겠습니다. 90개 남짓한 가게들이 즐비해 있는데 상점가 거리는 약 250m입니다. 교호(1716~1735) 시절 센소지를 참배하는 사람들이 증가함에 따라 경내의 청소를 맡게 된 동네 사람들에게

メートル。享保年間(1716~1735)の頃、浅草寺を訪れる参拝客が増えるにつれて、境内の清掃を課せられていた近隣の人々に対して、境内や参道上に出店営業の特権が与えられたのが仲見世通りの始まりとか。

ぜひ立ち寄りたいのは雷門からひとつ目の交差店を左へ曲がった角、和包丁を商う刃物店かね惣です。お目当ての包丁が決まるとその場で研いでくれます。研ぎの名人芸を見て楽しむもよし、あるいはぶらぶらして20~30分後に戻れば研ぎあがった世界一よく切れる包丁を手にすることができます。使ってみると、お料理の腕は確実に一段上がります。

また、その反対側には舞扇専門店。江戸時代に始まった優雅なお座敷遊び、投扇興のセットも扱っています。ところで浅草は江戸時代の頃から花街と共存共栄の間柄でした。本堂の前にかかっている大きな提灯は、今でも新橋の芸者さんたちが数年おきに奉納しているものです。

一方、扇子は芸者さんたちの踊りには欠かせない道具。さてその扇子ですが、もともとは朝鮮から伝わった高貴な女性が顔を隠すための団扇のようなものでした。日本でも高松塚古墳壁画に描かれた飛鳥美人が手にしています。木製で重かった

かね惣
・http://www.kanesoh.com(日本語のみ閲覧可能)
・台東区浅草1-18-12
・03-3844-1379 ・11:00~19:00
・不定休

가네소
・http://www.kanesoh.com(일본어만 지원)
・다이토구 아사쿠사 1-18-12
・03-3844-1379 ・11:00~19:00
・정기휴일 없음

文扇堂(仲見世店)
・台東区浅草1-30-1
・03-3841-0088 ・10:30~18:00
・20日過ぎの月曜定休(月1回)

분센도(나카미세도리 거리 점)
・다이토구 아사쿠사 1-30-1
・03-3841-0088 ・10:30~18:00
・20일 이후 월요일 정기휴일(월 1회)

投扇興　江戸時代(1603~1868)中期から流行した伝統的遊戯(日本式扇投げ)。お座敷遊びの一つで、高さ20センチメートルほどの箱枕状の台に蝶のような的をおき、1.6メートルほど離れたところに座り、扇を投げて的を落とす。的が落ちた形や位置で点数をつける優雅な遊び。

도센쿄 에도 시대(1603~1868) 중기부터 유행한 전통 놀이(일본식 부채 던지기). 오자시키 아소비 중 하나로, 높이 20cm가량의 나무 상자 위에 나비 모양의 표적을 놓고, 약 1.6m 떨어진 곳에 앉아 부채를 던져 맞히는 놀이. 표적이 떨어진 모양이나 위치로 점수를 매기는 우아한 놀이.

* 오자시키 아소비: 일본에서는 예로부터 게이샤라 불리는 예인이 품격 높은 다양한 예능 문화를 계승해오고 있다. 연회장에서 게이샤와 함께 노는 오자시키 아소비는 일본 전통의 가무와 다양한 놀이 문화이다. ―역자 주

경내나 참배길에서 가게를 낼 수 있는 영업 특권이 부여된 것이 나카미세 거리의 유래라고 전해지고 있습니다.

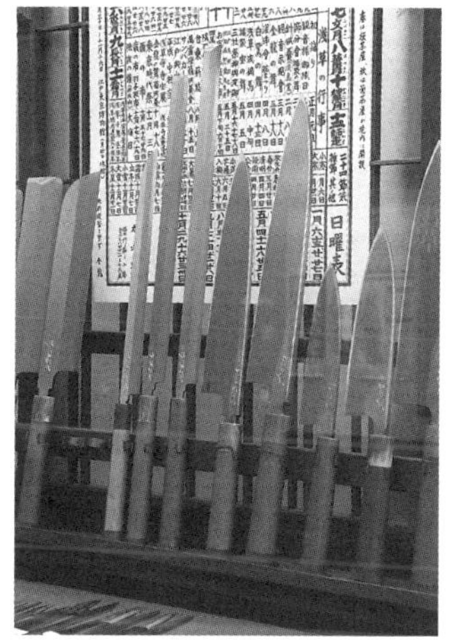

かね惣 가네소

꼭 가볼 만한 가게로서 일본 부엌칼 전문점 가네소를 들 수 있는데, 가미나리몬에서 첫 번째 사거리를 왼쪽으로 돌면 그 모퉁이에 있습니다. 마음에 드는 것을 고르면 즉석에서 칼날을 갈아 줍니다. 칼날을 가는 명인의 기예를 구경하며 즐겨도 좋고, 또는 근처를 산책하고 와도 좋겠습니다. 20~30분 후면 세계에서 가장 잘 드는 부엌칼을 받을 수 있습니다. 그 칼로 요리를 해보면 음식 솜씨가 확실히 늘 것입니다.

그리고 그 건너편에는 부채 전문점이 있습니다. 에도 시대에 시작된 일본식 부채 던지기 전통 놀이인 도센쿄 세트도 판매하고 있습니다. 도센쿄는 게이샤와 함께 노는 오자시키 아소비* 중 하나입니다. 덧붙이자면 아사쿠사는 에도 시대 시절부터 화류계와 공존공영하던 사이였습니다. 센소지 대웅전 입구에 걸려 있는 굉장히 큰 제등은, 지금도 신바시의 게이샤들이 몇 년에 한 번씩 봉납하고 있는 것입니다.

쥘부채는 게이샤들의 춤에서 빼놓을 수 없는 소품입니다. 그런데 그 부채는 원래 고대 한반도에서 전래된 것입니다. 귀족 여성들이 얼굴을 가리기 위해서 썼던 우치와(둥글부채)와 같은 것이었습니다. 일본에서도 나라 현에서 발견된 다카마쓰즈카 고분(7세기 후반~8세기 초반?) 벽화

ものを、細い木片の骨に紙を張って軽くし、持ち運びやすく折りたたみができるように改良しました。そして扇子が誕生しました。平安時代初期9世紀ぐらいのことです。

この軽く、コンパクトにするプロセスはまさに日本のお家芸のようです。その後、16世紀の大航海時代にポルトガルやスペインの航海者たちが扇子をヨーロッパに紹介したのです。上流階級の夫人たちが愛した東洋の扇子はその後庶民にも行き渡り、ついにアバニコと呼ばれるフラメンコダンサーが手にする扇になりました。

彼女たちの華麗で優雅な踊りに欠かせないツールであるアバニコのルーツが日本だったとは驚きですね。グローバライゼーションのはしりでしょうか。

さて、仲見世通りに戻り、本堂に向かって進むと左手に伝法院通りの看板が見えてきます。18世紀には百万都市になった江戸では商業も発達し、名物やさまざまな生活用品などを売る専門店もたくさん現れました。商品や店名を宣伝するために店の前に暖簾を下げたり、屋根の上に看板を掲げ、ひと目で商売が分かる工夫をこらしたのです。

伝法院通り沿いのお店の袖看板は江戸時代にな

를 보면, 귀족 여성이 우치와와 비슷한 것을 손에 들고 있는 모습이 그려져 있습니다. 처음에는 전체가 나무로 만들어져 있어 무거웠던 것을 가는 목편의 부챗살에 종이를 발라 가볍게 하고, 나중에는 휴대하기 편하게 접을 수 있도록 개량되었습니다. 그것이 오늘날의 쥘부채가 된 것입니다. 헤이안 시대(794~1185) 초 9세기경의 이야기라고 전해집니다.

이처럼 가볍고 작게 하려고 개량을 거듭하는 과정이 바로 일본의 전통적인 뛰어난 재주라고 할 수 있겠습니다. 그 후 16세기 대항해 시대, 일본을 찾아온 포르투갈이나 스페인의 항해자들이 부채를 유럽에 소개했습니다. 동양의 부채는 먼저 상류 계급 여성들에게 사랑받았고, 그 후 서민들에게까지 널리 퍼졌습니다. 그리고 마침내 아바니코(abanico)라 불리는 플라멩코(flamenco) 댄서들도 사용하게 된 것입니다.

그녀들의 화려하고 우아한 춤에서 빼놓을 수 없는 소품인 아바니코의 기원이 일본이라는 것이 정말 놀랄 만한 일이 아니겠습니까? 글로벌화라는 말의 시작이라 할 수 있겠습니다.

자, 나카미세도리 거리로 돌아와, 센소지 대웅전 쪽으로 걷다 보면 왼쪽에 덴보인도리 거리 간판이 눈에 들어옵니다. 18세기에 인구 100만에 달하는 대도시로 발전한 에도는 상업도 발달하고, 특산물이나 다양한 생활용품 등을 파는 전문점도 많이 생겼습니다.

伝法院通り 덴보인도리 거리

* 가부키 십팔번: 이치카와(유명한 가부키 배우 가문의 성) 집안에 대대로 전해 내려오는 인기 있는 18가지 각본. ─역자 주

らってそれぞれの屋号や商品をかたどったデザインが施されています。デザインを楽しみながら進んでください。すると、びっくり! 思わず足を止めてしまいます。呉服屋さんの屋根の上に、今にも動き出しそうなねずみ小僧の人形です。

東側も江戸時代の景観に改修されており、道の真ん中で目をひくのは可動式の台車に乗った歌舞伎18番の白浪五人男の一人日本駄右衛門、あとの4人は屋根の上やバルコニーで睨みをきかしたり見えをきっています。まるで歌舞伎の舞台を見ているようです。

江戸切子やアンティーク着物のお店も並びます。通りの中ほどにある浅草公会堂前の歩道に、ハリウッドをまねた日本の有名人の手形がはめ込んである通りがあるのはご愛嬌。その先に、明治維新の折に、伝法院を火災から守る約束をした守り神「おたぬき様」を祭る鎮護

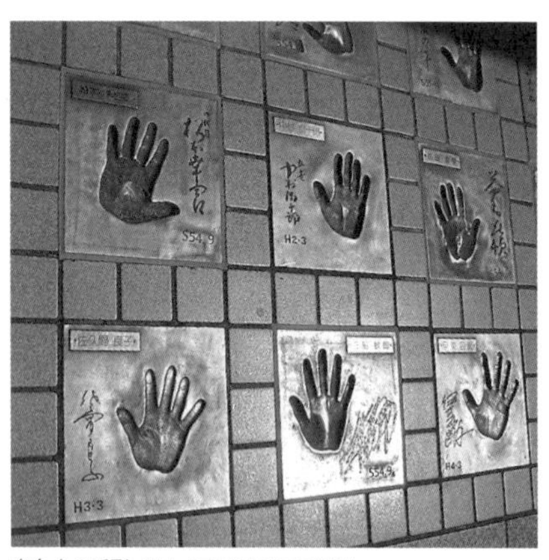

有名人の手形 일본 스타들의 핸드 프린팅

おたぬき様 오타누키 사마

상품이나 점포명을 알리기 위해 상점 앞에 노렌(상점 입구의 처마 밑에 치는 막)을 걸어두거나 지붕 위에 간판을 내걸어 한눈에 봐도 어떤 장사를 하는지 알 수 있도록 궁리해냈습니다.

덴보인도리 거리에는 에도 시대의 상점을 본떠 만든 소데칸반이라 불리는 작은 간판을 내건 가게들이 즐비합니다. 소데칸반 간판은 가게 이름이나 상품을 본뜬 각양각색의 디자인들로 장식되어 있습니다. 그 디자인을 즐기면서 걸어가 보십시오. 그러면 깜짝 놀라 가던 길에 발걸음을 멈추게 될 것입니다. 일본 전통 의복인 기모노를 파는 가게 지붕 위에 있는 당장이라도 움직일 것 같은 네즈미 고조[네즈미(쥐)라는 별명으로 불리는 도둑. 의적으로서 인기가 있음]라는 도둑 인형을 발견할 것입니다.

동쪽의 경관도 에도 시대의 옛 모습처럼 개조되어 있습니다. 눈길을 끄는 것은 거리 한복판에서 가동식 수레를 탄 가부키 주인공입니다. 가부키 십팔번*의 하나, 시라나미 고닌 오토코라는 인기 프로그램 주인공의 한 사람인 닛폰 다에몬입니다. 나머지 4명은 지붕 위나 난간에서 가부키를 연기하듯 위엄 있는 표정을 짓고 있거나 가부키에서 절정 장면의 자세를 취하고 있습니다. 마치 가부키를 보고 있는 것 같습니다.

에도 기리코(에도 시대를 대표할 만한 전통적인 유리 공예)나 앤티크 기모노 등의 상점이 죽 늘어서 있습니다. 거리 중간에는 아사쿠사 공회당이 있고, 그 앞에 미국 할리우드를 흉내 낸 일본 스타들의 핸드 프린팅(hand printing)을 볼 수 있는 것은 또 하나의 재미입니다. 그 앞으로 걷다 보면 메이지 유신(1868) 동란 시기에 덴보인을 화재로부터 지켜주기로 약속한 수호신인 '오타누키 사마[다누키(너구리) 모습인 수호신]'를 모신 진호당이 있습니다. 그리고 그 옆에서는 센소지 덴보인의 정원을 바라볼 수 있습니다.

助六
・台東区浅草2-3-1
・03-3844-0577 ・無休
스케로쿠
・다이토구 아사쿠사 2-3-1
・03-3844-0577 ・무휴

中屋(本店)
・台東区浅草2-2-12
・03-3841-7877 ・10:00~19:00
・無休
나카야(본점)
・다이토구 아사쿠사 2-2-12
・03-3841-7877 ・10:00~19:00
・무휴

ふじ屋
・台東区浅草2-2-15
・03-3841-2283 ・10:00~18:00
・木曜定休
후지야
・다이토구 아사쿠사 2-2-15
・03-3841-2283 ・10:00~18:00
・목요일 정기휴일

堂があります。実はそのちょっと横手から浅草寺本坊である伝法院のお庭が見渡せます。このお庭は小堀遠州作といわれています。

また仲見世通りに戻ってみましょう。宝蔵門の手前、右側の江戸玩具の店助六もはずせません。江戸時代末期のぜいたく禁止令のもと、玩具もできるかぎり小さく手作りした時代の伝統の技を伝える江戸小玩具の店です。すべてが手作りです。この店の犬張子は美智子妃殿下が雅子皇太子妃へ安産を祈ってプレゼントしたことで知られています。

本堂に向かう前に、宝蔵門の手前を右へ曲がった角にお祭り道具専門店中屋があります。お祭り好きな浅草っ子がお祭りの日に身につけるものすべてがそろうお店です。本物の半被を目にすることができます。

さて、そのまま本堂とは逆方向に歩いて数軒目に、染手拭い専門店ふじ屋があります。木綿の手拭いはさまざまな使いみちがありましたが、今では風景、動物、花々、歌舞伎などなどデザインのおもしろさと美しさでまさに芸術品ともいえます。額に入れて楽しむのもおもしろいでしょう。

最後に最近のサムライブームにあやかって、まずは形から、着物を着てサムライ精神を経験する

이 일본의 전통적인 정원은 에도 시대를 대표할 만한 문화인이자 정원사인 고보리 엔슈가 만들었다고 전해집니다.

다시 나카미세도리 거리로 돌아와 봅시다. 꼭 들러야 할 곳은 호조몬 바로 앞 오른쪽에 있는 에도 시대의 전통 장난감을 파는 완구점 스케로쿠입니다. 에도 시대 말기에는 사치 금지령이 내려져, 장난감도 손으로 가능한 한 작게 만들어냈는데, 이 가게는 그 전통적인 기술을 대대로 이어받고 있습니다. 모든 것은 장인들이 하나하나 손으로 직접 만든 것입니다. 이 가게의 이누하리코(일본 종이로 만든 개. 개는 순산의 상징)라는 인형은 일본에서는 미치코 황후가 마사코 황태자비에게 순산을 기원하며 선물한 것으로 유명합니다.

센소지 대웅전에 가기 전에 호조몬 바로 앞에서 오른쪽으로 돌아가면 모퉁이에 마쓰리(일본의 전통 축제)용 도구 전문점 나카야가 있습니다. 이 가게에는 마쓰리에 필요한 도구라면 무엇이든 갖추어져 있습니다. 마쓰리를 무척 사랑하는 아사쿠사 토박이들이 마쓰리 날에 입는 의상에서부터 소품에 이르기까지 없는 것이 없으며, 오늘날에는 좀처럼 볼 수 없는 핫피(마쓰리용 전통 의상)까지 볼 수 있습니다.

그리고 그대로 센소지 대웅전 반대쪽으로 조금 더 걷다 보면 소메테누구이(일본 전통 방식으로 염색한 무명 수건) 전문점 후지야가 있습니다. 옛날에는 무명 수건이 실용적이고 여러 가지로 쓸모가 많은 생활용품이었습니다. 오늘날에는 풍경, 동물, 꽃, 가부키 등 디자인이 다양하고 아름다워 예술 작품이라고 할 수 있습니다. 소메테누구이를 액자에 넣어 감상해보는 것도 좋은 방법이겠지요.

마지막으로 오쿠야마 오마이리마치 거리에 있는 남성 기모노 전문점 지도리야를 안내하겠습니다. 이곳은 기모노라면 새 옷부터 헌 옷에

のも一興、と思う男性は、奥山おまいりまちにある男着物専門店ちどり屋で一式そろえてみてはいかがでしょうか。新品から古着までそろっています。

ちどり屋
・台東区浅草2-3-24
・03-3841-1868 ・10:00~18:00
・水曜・第2火曜休み
지도리야
・다이토구 아사쿠사 2-3-24
・03-3841-1868 ・10:00~18:00
・수요일・둘째 주 화요일 쉼

かっぱ橋道具街商店街

奥山おまいりまちをそのまま進み、国際通りに出ます。国際通りを渡って、かっぱ橋本通りを東京スカイツリーを背にして真っすぐ進むこと15分ほどで食品サンプルで外国人に人気のかっぱ橋商店街に到着です。和洋食器、厨房器具、暖簾専門店など170店余りが800メートルにわたって並んでいます。

日本のレストラン入り口のショーウインドーに並べられる食品サンプルは、メニューが読めない、と困り果てる外国人には大変重宝されています。日本人ならではのきめ細かい合理的なディスプレイを見れば、外国人も安心して入店できるというわけです。そして、そのサ

食品サンプル 음식 모형

이르기까지 무엇이든 갖추어져 있습니다. 최근에 무사 붐이 일었는데, 무사 정신을 느껴보고 싶은 남성들에게 적극 추천합니다.

갓파바시 도구 상가 거리

오쿠야마 오마이리마치 거리를 곧장 걷다 보면 고쿠사이도리 길이 나옵니다. 그 길을 건너면 갓파바시혼도리 거리인데, 도쿄 스카이트리를 등지고 곧장 15분 정도 걸어가면 갓파바시 도구 상가 거리에 도착합니다. 여기에는 외국인들에게 아주 인기 있는 음식 모형을 파는 전문점도 있습니다. 주방용이나 음식점용 도구를 파는 170개 남짓한 전문점들이 800m에 걸쳐 즐비하고, 일본이나 서양의 식기부터 주방 도구들, 노렌 등 없는 것이 없습니다.

일본은 식당 입구에 음식 모형들이 잘 진열되어 있으며, 이러한 음식 모형들은 일본어를 잘 모르고 고생하는 외국인들에게 큰 도움이 됩니다. 일본인만의 세심하고 합리적인 디스플레이를 보면 외국인들도 안심하고 가게로 들어갈 수 있습니다. 그리고 그 음식 모형들을 진짜 음식보다 더 맛있고 정교하게 만드는 일본인의 지혜와 기술에 외국인들은 감탄을 금치 못합니다.

음식 모형은 옛날에는 밀랍으로 만들었고, 오늘날에는 주로 플라스틱으로 만듭니다. 일본 여행에서 돌아와 집에서 파티를 열 때, 진수성찬 사이에 일본에서 사온 음식 모형을 몰래 섞어두고 깜박 속아 넘어가는 사람들의 모습을 보고 싶다! 매우 좋아하는 생선 초밥(니기리즈시) 모형이 문자판에 배열되어 있고, 나무 젓가락으로 만들어진 시계 바늘

ンプルを本物よりもおいしそうに精巧に作る日本の知恵と技に、外国人は感心しきりなのです。

食品サンプルは以前はロウ、現在は主にプラスチックで作られます。帰国後、自宅でのパーティーで自慢の料理が並ぶテーブルにお遊びで日本土産の食品サンプルを置き、気がついたお客の驚く顔が見たい! 大好物の握り鮨が文字盤に並び、割り箸でできた針が回って時を告げる鮨時計をキッチンの壁にかけたい! こんな遊び心を持つ外国人に大人気の買い物ストリートです。日本滞在中にレストランや料亭で見かけた珍しい物、たとえば、鳥型のレモン搾り器、玩具のようなわさび用のおろし金、一人用の七輪なども見つかるのです。お料理好きにとってはキッチングッズにあふれた夢のようなお買い物天国です。

東京スカイツリー
・墨田区押上1-1-2
・03-5302-3470
・http://www.tokyo-skytree.jp(韓国語閲覧可能)
・展望台営業時間は8:00~22:00、最終入場は21:00(年末年始 花火大会など特定日を除く)
・年中無休(メンテナンス、天候による中止を除く)

도쿄 스카이트리
・스미다구 오시아게 1-1-2
・03-5302-3470
・http://www.tokyo-skytree.jp(한국어 지원)
・전망대 영업 시간은 8:00~22:00, 최종 입장은 21:00(연말연시, 불꽃놀이 대회 등 특정일 제외)
・연중무휴(시설 점검 및 정비, 기상 악화로 인한 휴업 제외)

東京スカイツリー

2012年5月、東京の空の風景が一変しました。東京スカイツリーの完成です。自立式電波塔としては世界一の高さ634メートル、3万2000トンの鉄骨づくりです。約2万5000の部材が工場や現場で溶接され4年弱の工期を経て東京の新しい観光名所にな

이 시간을 알려주는 초밥 시계를 부엌 벽에 걸고 싶다! 이처럼 장난끼 많고 특이한 것을 좋아하는 외국인들에게 아주 인기가 많은 쇼핑 거리입니다. 일본 여행 중 레스토랑이나 요정(일본식 고급 음식점)에서 본 진귀한 물건도 찾을 수 있습니다. 예를 들면 새 모양의 레몬 스퀴저, 장난감과 같은 고추냉이(와사비) 강판, 일인용 화로 등, 요리 도구라면 없는 것이 없습니다. 요리를 즐겨 하는 사람에게는 부엌용품으로 가득한 꿈과 같은 쇼핑 천국입니다.

人力車に乗って浅草界隈を回るのも一興

인력거를 타고 아사쿠사 부근을 둘러보는 것도 재미 중 하나

도쿄 스카이트리

2012년 5월, 도쿄의 하늘 풍경이 달라졌습니다. 도쿄 스카이트리가 완공되었습니다. 자립식 전파탑으로는 세계 최고 높이인 634m이며, 3만 2000톤의 철골로 만들어졌습니다. 2만 5000여 개나 되는 철제 부자재들이 공장이나 현장에서 용접되어, 약 4년간의 공사 기간을 거쳐, 도쿄의 새로운 관광 명소가 되었습니다. 기존의 도쿄의 상징물로서 홍백색으로 칠해진 형님 격의 도쿄 타워와는 달리, 연한 은빛으로 빛나는 철탑은 대도시의 파란 하늘과 조화를 이루며 그 아름다움을

りました。紅白の色に塗られている兄貴分の東京タワーと違い、薄い銀色に輝く鉄塔はこの大都会の青空に調和して美しくその存在を誇っています。

高層ビルが立ち並ぶ東京からデジタル放送電波を発信するためには、東京タワーのほぼ2倍の高さが必要となりました。耐震構造は伝統の心柱理論を採用、超高速のエレベーターは350メートルの天望デッキまで50秒(秒速600メートル)です。

ドアが開くと突然の天空世界。1320万人が住む大都会東京の姿を鳥になったつもりで楽しんでください。そして、展示してある「江戸一目図屏風」は必見です。隅田川の先に江戸城、方角も視点もほぼまったくこの天望デッキから見下ろしている風景です。江戸時代の絵師は

東京ソラマチ 도쿄 소라마치

뽐내고 있습니다.

고층 빌딩이 즐비한 도쿄에서 디지털 방송 전파를 발신하기 위해서는, 도쿄 타워의 거의 2배 높이가 필요합니다. 내진 구조는 오층탑과 같은 전통 건축 기술인 신바시라 이론을 채용했습니다. 타워 본체와 신바시라라고 불리는 원주 기둥이 제각기 흔들리게 되어 있어, 지진 등으로 인한 흔들림을 상쇄할 수 있다고 합니다. 게다가, 초고속 엘리베이터는 지상 350m에 있는 전망대 덴보 데크까지 약 50초(초속 600m) 만에 갈 수 있습니다.

문이 열리면 천공의 세계가 펼쳐집니다. 1320만 명이 살고 있는 대도시 도쿄의 모습을 마치 새가 된 기분으로 즐겨보십시오. 그리고 전시되어 있는 에도 거리의 조감도(에도 히토메즈 뵤부 병풍이라고 불리는 에도 시대의 화가가 그림)는 꼭 한번 볼 만한 것입니다. 스미다가와 강 앞쪽에 에도 성이 그려져 있고, 방향도 시각도 이 덴보 데크에서 내려다보이는 풍경과 거의 일치합니다. 에도 시대 화가가 과연 어떻게 이러한 풍경을 그릴 수 있었는지 놀랍기 그지없습니다.

2013년 세계문화유산에 등재된 후지 산은 20개에 달하는 도와 현(일본의 행정 구역. 1도 1도 2부 43현. 한국의 도에 해당하는 광역지방자치단체)에서 볼 수 있습니다. 단순 계산으로 후지 산을 볼 수 있는 지역의 인구를 합하면 약 4000만 명에 달합니다. 일본인 3명 중 1명이 후지 산을 볼 수 있는 지역에 살고 있다는 말입니다. 북쪽은 후쿠시마 현 아부쿠마 산맥의 히야마 산, 서쪽은 와카야마 현 이로카와 후지미토게 고개, 남쪽은 하치조지마 섬이라고 합니다.

그리고, 도쿄 스카이트리는 적어도 도쿄도 지역이라면, 조금 높은 건물에 서서 보는 방향만 맞으면 어디서나 볼 수 있습니다. 가장 추천

東京スカイツリーWebチケット
・http://www.tokyo-skytree.jp
도쿄 스카이트리 웹 티켓
・http://www.tokyo-skytree.jp

銀座夏野
・東京ソラマチ4階
・03-5610-3184 ・10:00~21:00
・http://www.tokyo-solamachi.jp(韓国語閲覧可能)
긴자 나쓰노
・도쿄 소라마치 4층
・03-5610-3184 ・10:00~21:00
・http://www.tokyo-solamachi.jp(한국어 지원)

どうやってこの風景を描くことができたのか?! と思いは広がるばかりです。

2013年に世界文化遺産になった富士山は20近くの都県から見ることができるとのことです。単純計算で富士山が見える都県の人口を合計すると約4000万人にのぼります。日本人の3人に1人が富士山の見える地域に住んでいる計算です。北は福島県阿武隈山脈の日山、西は和歌山県色川富士見峠、南は八丈島といわれています。

さて、東京スカイツリーは、少なくとも都内なら少し高い建物で見る方角が正しければどこからでも見えます。お奨めは浅草寺の境内から見えるすがたです。そして、浅草観光のあと、東武線でひと駅「とうきょうスカイツリー駅」から直結であっという間に足元に到着です。また、東京メトロ半蔵門線「押上駅(スカイツリー前)」からのルートは、ツリーの足元からエスカレーターを乗りついでソラマチの4階に到達します。だんだんと近づいてゆく楽しさがあるルートです。

入場券の購入はインターネットで予約をしてゆくか、当日混んでいる場合は入場整理券を求め、時間がくるまで東京ソラマチで買い物を楽しんでください。イーストヤード4階に和風土産物店が数軒あります。銀座に本店がある箸専門店「夏野」。

할 만한 경치는 센소지 경내에서 보이는 모습입니다. 그리고 아사쿠사를 둘러본 후, 도부 스카이트리 라인 아사쿠사역에서 한 정거장만 가면 도쿄 스카이트리에 연결되어 있는 '도쿄 스카이트리역'에 금방 도착합니다. 또 다른 경로로는 도쿄 메트로 한조몬선 '오시아게역·스카이트리마에'에서 스카이트리 아래까지 걸어가서 에스컬레이터를 타면 도쿄 소라마치 4층에 도착합니다. 스카이트리가 점점 가까워지는 즐거움이 있는 경로입니다.

입장권은 인터넷으로 예약하거나, 만약 당일이 혼잡하다면, 입장 정리권을 받고 시간이 될 때까지 기다리는 동안 도쿄 소라마치에서 쇼핑을 즐기십시오. 이스트 야드 4층에는 일본풍 여행 기념품을 파는 상점이 몇 개 있습니다. 그중 긴자에 본점이 있는 젓가락 전문점 '나쓰노'도 있습니다. 도쿄 스카이트리를 본떠 만든 목제 젓가락은 보라색과 파란색 두 종류여서, 취향에 따라 고를 수 있습니다. 밤하늘을 아름답게 밝혀주는 스카이트리 조명은 에도의 전통미를 나타내는 보라색과 정취 있는 파란색으로 디자인 되었습니다. 전통적인 색채의 아름다운 젓가락으로 새롭게 유네스코 인류무형문화유산에 등재된 일식을 맛보는 것은 어떻습니까?

날씨가 좋은 날에는 하늘과 더 가까운 높이 450m 덴보 회랑에 올라가 보십시오. 별도 입장료가 필요한데 티켓은 덴보 데크에서 구입할 수 있습니다. 통로 폭은 2.4m로 꽤 좁습니다. 엘리베이터에서 내려 경사면으로 되어 있는 전망대 덴보 회랑을 따라 110m를 다 돌아 걸어 올라간 뒤, 그곳에서 5m만 더 오르면 최고 지점에 도달할 수 있도록 설계되었습니다. 벽이 통유리(투명한 유리)로 되어 있어 마치 공중을 걷고 있는 듯한 부유 감각을 느낄 수 있습니다.

東京スカイツリーをかたどった木製箸は2色、夜空を飾るライティングの紫と青はお好みで選んでください。江戸の伝統の美の紫と粋なブルーに思いをはせながら新たに登録された世界無形文化遺産の和食に舌鼓をうってみるのはいかがでしょうか。

天気の良い日は、より空に近づける450メートルの天望回廊に上ってみてください。別途入場料金が必要ですが、チケットは天望デッキで購入してください。通路の幅は2.4メートル。かなり狭いです。エレベーターを降りたあと、スロープ状になっている展望台を巡りながら110メートルを歩ききると高度5メートルを登り最高地点に到達する趣向です。足元まで透明のガラスで覆われているのでまるで空中を歩いているような浮遊感覚が味わえます。

開業直後にVIPのお客様と訪れた際は、雲に覆われてなにも見えず高所恐怖症を隠しおおせてほっとしたのでした。ところが、ほどなく床にかすかな揺れが。係の方に恐る恐る聞いたところ、時々少し揺れているが、問題はないとのこと。日本の技術力を信じましょう!

お帰りの前にもう一度カメラに収めたいと思ったら東京ソラマチの1階からソラマチひろばにでて車道を横切って「おしなり橋」のたもとからローアングルでどうぞ!

개업 직후 VIP 손님을 모시고 갔을 때는 구름이 잔뜩 끼어 있어 아무것도 보이지 않아 제가 고소공포증인 것을 감출 수 있어 다행이었습니다. 그런데 곧 바닥이 아주 조금 흔들리는 것을 느꼈습니다. 겁이 나서 안내해주는 분에게 물어보았더니 가끔씩 조금 흔들리지만, 문제는 없다고 합니다. 일본의 기술력을 믿읍시다.

天望デッキ 텐보 데크

돌아가기 전에 스카이트리를 한 번 더 카메라에 담고 싶다면 도쿄 소라마치 1층에서 소라마치 광장을 나와 차도를 건너 '오시나리바시 다리' 옆에서 앵글을 낮게 잡고 위를 향해 찍어보면 어떻습니까?

2 川を渡って江戸めぐり: 両国、深川

강을 건너 에도 순례: 료고쿠, 후카가와

蔵前 · 春日方面
구라마에 · 가스가 방면
両国駅
료고쿠역
江戸東京博物館
에도도쿄박물관
錦糸町 · 千葉方面 →
긴시초 · 지바 방면
JR 総武線
JR 소부선
都営大江戸線
오에도선
両国駅から 2 駅で
清澄白河駅
료고쿠역에서 지하철로
두 정거장 가면
기요스미시라카와역
清澄白河駅
기요스미시라카와역
押上方面 →
오시아게 방면
清洲橋通り
기요스바시도리 길
深川江戸資料館
후카가와 에도자료관
清澄通り
기요스미도리 길
清澄庭園
기요스미 정원
留方面
오도메 방면

国技館
・墨田区横網1-3-28
・03-3623-5111
・最初の国技館は、明治42(1909)年両国に開設された。その後一度は蔵前に移転したが、1985年に現在の横網に再移転された。

국기관
・스미다구 요코아미 1-3-28
・03-3623-5111
・최초의 국기관은 메이지42년(1909)에 료고쿠에 개설되었다. 그 후 한 번은 구라마에에 이전되었다가 1985년에 또다시 현 소재지인 요코아미로 옮겨졌다.

花の舞
・墨田区亀沢1-1-15
・03-5619-4488
・11:30~24:00 月~金曜
・11:00~24:00 土曜
・11:00~23:00 日曜・祝日
・無休

하나노마이
・스미다구 가메자와 1-1-15
・03-5619-4488
・11:30~24:00 월~금요일
・11:00~24:00 토요일
・11:00~23:00 일요일・공휴일
・무휴

* 하나노마이: 2016년 4월 1일에 료고쿠역 앞에서 에도도쿄박물관 앞으로 이전했다. ―역자 주

国技館

浅草から始まった小さな旅、もっとどっぷりと江戸に浸っていただきます。格差社会の広がりが懸念されている現代の日本ですが、身分制度があったにもかかわらず、人々が生き生きと元気よく、そして賢く生きていた時代、それが江戸時代です。江戸情緒を求めて両国へと隅田川を渡ってみましょう。

JR両国駅を降りると相撲の本場、国技館は目の前です。駅ビルの中には相撲グッズのお土産店が並びます。中でも目を引くのが暖簾の下がったレストラン、花の舞です。腹ごしらえをしたい方におすすめです。店のど真ん中に目を向けると、本物と寸分違わない10トンの土で作られた土俵があります。土俵は今でも女性が立ち入ってはいけない神聖な場ですが、江戸時代は相撲観戦そのものが女人禁制だったのです。

両国国技館では、初場所の1月、夏場所の5月、秋場所の9月の年3回、本場所が開催されています。場所の様子は全国に生中継されますが、相撲のダイナミックさは、何と言っても実際の土俵の前で見るにかぎります。

歴史をたどると相撲に関わるさまざまな疑問が

국기관

아사쿠사에서 시작한 짧은 여행. 이제 여러분을 더 깊은 에도의 멋에 빠지도록 해드리겠습니다. 빈부격차의 확대가 걱정스러운 현대 일본 사회이지만 신분제도가 있는데도 불구하고 사람들이 생기 있고 활기차게 또 지혜롭게 살고 있었던 시대, 그것이 바로 에도 시대입니다. 그 에도의 정서를 찾으러 스미다가와 강을 건너가 봅시다.

료고쿠역에서 내리면 스모(일본 씨름)의 본고장인 국기관이 코앞에 있습니다. 터미널 안에는 스모 관련 상품을 파는 선물 가게가 늘어서 있습니다. 그중에서도 특히 눈길을 끄는 곳이 노렌(상점 입구의 처마 밑에 치는 막)이 걸려 있는 식당, 하나노마이*입니다. 시장하신 분들께 추천합니다. 식당 한가운데로 눈을 돌리면 실물과 다르지 않은 10톤의 흙으로 만든 도효(씨름판)가 있습니다. 도효는 지금도 여자가 들어가면 안 되는 신성한 곳인데 에도 시대에는 스모 관전 자체가 여성들에게는 금지되어 있었습니다.

花の舞 하나노마이

료고쿠 국기관에서는 1년에 세 번 혼바쇼(공식 씨름 대회)가 개최됩니다. 1월에 열리는 하쓰바쇼(연초 대회), 5월의 나쓰바쇼(여름 대회), 그리고 9월의 아키바쇼(가을 대회)입니다. 대회는 전국으로 생중계되지만 스모의 박력을 느끼고 싶다면 뭐니 뭐니 해도 도효 앞에서 보는 것이 제일입니다.

まわし(廻し·回し) 土俵入りの際に締める儀式用として、「化粧まわし」もある。外国ではSumo beltと呼ばれることも。

마와시 도효이리(상위 등급의 스모 선수들이 도효에 입장하는 의식) 때만 착용하는 게쇼마와시(호화로운 수를 놓은 앞치마 장식)도 있다. 외국에서는 스모 벨트라고 불리기도 한다.

すっきりします。

まずは力士の正装について。なぜ、力士たちはまわしだけの姿なのでしょうか? それは武器を隠し持たず、文字通り裸一貫で勝負をする気概が込められた姿なのです。鍛え上げた身体に、清浄のしるしとしてまわしのみをつけているのです。昔は、天皇や神様へ奉納する相撲の競技者である力士自身が清められた神聖な存在だったということです。

日本最古の歴史書である古事記や日本書紀には、神々がどのようにこの国を創造したのか、天皇家のルーツなどが語られています。その中に天皇の前で神々が、力比べの死闘を繰り広げたという相撲の起源を思わせる記述があります。後にはその年の農作物の収穫を占う神社での祭りの儀式として、相撲が執り行われるようになりました。

現在の相撲の魅力である伝統的作法は、長い歴史を経て完成されたものなのです。力士は土俵へ上がる前に口をすすいで身を清め、土俵の上では悪霊を祓うために塩を撒き、病や災害をもたらす邪気を地面に踏みつけるために四股を踏み、土俵に蹲踞して神様への挨拶である柏手を打ちます。スポーツとして楽しむだけでなく、儀式のように繰り広げられる伝統的様式美に注目してくださ

역사를 더듬어 보면 스모에 관한 여러 가지 궁금증이 깨끗이 해소됩니다.

먼저 스모 선수의 모습에 대해서 설명하겠습니다. 스모 선수들은 왜 마와시(샅바)만 입을까요? 그것은 무기를 숨겨두지 않고 말 그대로 알몸으로 승부하겠다는 기개가 담겨 있는 모습인 것입니다. 충분히 단련한 몸에 청정의 의미로서 마와시만 입은 것입니다. 옛날에는 천황이나 신에게 청정한 선수를 바쳤는데 이는 그들이 신성한 존재였다는 것을 나타냅니다.

일본에서 가장 오래된 역사서인 『고사기』(712년 편찬)와 『일본서기』(720년 편찬)에는 신들이 이 나라를 어떻게 창조했는지와 황실의 기원 등에 대해 설명되어 있습니다. 그중 천황 앞에서 신들이 힘겨루기를 하려고 사투를 벌였다는 스모의 기원을 연상케 하는 기술이 있습니다. 그 후 스모는 그 해 농작물의 풍흉을 점치는 신사의 축제 의식으로 거행되었습니다.

현대 스모의 매력인 전통 법식은 오랜 역사를 거쳐 완성된 것입니다. 스모 선수는 도효에 올라가기 전에 입을 헹구어 몸을 청결하게 하고, 도효 위에서는 악귀를 물리치기 위해 소금을 뿌립니다. 그리고 질병이나 재해를 일으키는 사악한 기운을 바닥에 짓밟기 위해 시코(발을 하나씩 높이 들어 땅을 힘차게 밟는 스모의 기본 동작 중 하나)를 딛고 도효에 손쿄(발뒤축을 세우고 쭈그리고 앉는 스모의 기본 자세 중 하나)를 하며 신에게 드리는 인사인 가시와데(양손을 마주쳐서 소리 내는 일)를 합니다. 하나의 스포츠로 즐길 뿐만 아니라 의식처럼 펼쳐지는 스모의 전통적 양식미에 주목해주십시오. 스모는 예절과 진지한 승부가 혼재하는 일본의 전통 격투기 스포츠입니다.

스모베야(스모 선수들의 수련소)의 아사게이코(아침 연습)를 구경해볼 것을

い。礼節と真剣勝負が混在する日本の国技に相応しい不思議なワンダーランドです。

相撲部屋の朝稽古の見学もおすすめです。毎朝、朝食前の各部屋の土俵では、はげしい稽古が行われています。特にぶつかり稽古では、身体から湯気を出した下位の力士が、先輩力士に力いっぱいぶつかっていきますが、押し出す前にヘトヘトになってしまいます。

親方は土俵脇の一段高い座敷に座って厳しい指導を繰り広げます。その同じ座敷に見学者も通されます。張り詰めた雰囲気と迫力に息もつけないほどですが、相撲の厳しさに触れることができる体験です。両国には50余りの相撲部屋があります。事前に電話予約をしてお出かけください。

江戸東京博物館

江戸東京博物館
- 墨田区横網1-4-1
- 03-3626-9974
- 9:30~17:30(土曜のみ19:30まで)
- 毎週月曜定休(祝日が月曜の場合は開館、翌日休館)

에도도쿄박물관
- 스미다구 요코아미 1-4-1
- 03-3626-9974
- 9:30~17:30(토요일만 19:30까지)
- 매주 월요일 정기휴관(월요일이 공휴일이면 개관하며 그다음 날이 휴관)

さて国技館を通り過ぎて、その隣に巨大な建物が勇姿を見せます。江戸東京博物館です。古墳時代の穀物倉をイメージした外観、60メートルのその高さはかつて江戸城にあった天守閣と同じです。風が心地よく吹き抜ける3階の入館券売り場から展示フロアへと向かうエスカレーターに吸い込

추천합니다. 매일 아침, 아침 식사 전에 각 스모베야의 도효에서는 격렬한 연습이 펼쳐집니다. 특히 부쓰카리게이코(맞부딪치는 연습)에서는 몸에서 김이 모락모락 나는 하위 등급의 스모 선수가 선배 선수를 도효에서 밀어내려고 힘껏 부딪쳐보지만 밀어내기 전에 결국 녹초가 되어버립니다.

오야카타(지도자)는 도효 옆에 있는 한 단 높은 다다미방에 앉아서 엄격한 지도를 합니다. 관람객도 같은 다다미방에서 구경합니다. 긴장된 분위기와 박력에 숨도 쉴 수 없을 정도이지만 아사게이코를 구경하는 것은 스모의 엄격함을 느낄 수 있는 좋은 기회입니다. 료고쿠에는 스모베야가 50여 군데나 있습니다. 미리 전화로 예약을 하고 찾아가시기 바랍니다.

에도도쿄박물관

국기관을 지나가면 그 옆에 거대한 건물이 웅장한 모습을 드러냅니다. 에도도쿄박물관입니다. 고분 시대(3세기 중반~ 7세기 말)의 곡물 창고를 본떠 지어졌으며, 60m의 높이는 옛날에 에도 성에 있던 덴슈카쿠(성을 지키기 위해 성 중심에 설치된 망루)와 똑같습니다. 바람이 시원하게 통하는 3층 매표소로부터 전시 플로어로 향하는 에스컬레이터에 몸을 맡긴 관람객들에게서 넘치는 호기심이 느껴집니다.

관내에서는 실물 자료와 크고 작은 모형으로 에도에서 도쿄로 변해가는 생활의 변화를 시각적으로 즐길 수 있습니다. 보아야 할 것이 산더미처럼 많아 두세 시간 정도를 투자하라고 말하고 싶지만 적어도

まれてゆくのは米を狙うねずみならぬ知的好奇心にあふれた皆さんです。

館内は実物資料と大小の模型により、江戸から東京へと移りゆく生活の変化がビジュアルで楽しめます。見るべきものは山とあり、たっぷりと2~3時間はかけたいのですが、これだけは見てもらいたいスポットを2、3ご紹介します。

1590年から始まった江戸の町造りですが、城や大名屋敷の建設に始まり、商人や職人が住む八百八町も成長の一途をたどり、18世紀には100万人の人口を抱える大都市に変貌したのです。人々が元気に行き交う様子を再現する日本橋や両国橋の模型が展示フロアの6階と5階にあります。それぞれ800体の模型に、1500体余りの人形が江戸の人々の喜怒哀楽をそのままに生き生きとその中に設置されています。これらの人形を見ると、今や世界一のアニメーション大国であり、フィギュア大国でもある日本の技術を目の当たりにするようです。費用は1体5~10万円もかかったとか。用意された双眼鏡でじっくりご覧ください。

城や堀、大名屋敷、商店などを造る土木建築職人、行灯など日常生活に必要な道具を作る指物師、当時の重要な情報媒体である木版画製作工程、江戸の華といわれた火事の際に大活躍した火消し組などさまざまな人々の生活がよみがえってくる展示の中に、情報交換に利用されたユニークなものを見つけました。街角に置かれた迷子標です。江戸社会の一面が感じられます。迷子が発見されると親が見つかるまで発見した町の人々が扶養義務を負ったので、一刻も早く親を探さねばならなかったのです。そこで街角に石柱を建て、一面には捜してい

이것만은 보셨으면 하는 것을 몇 군데 소개하겠습니다.

1590년부터 시작한 에도의 도시 건설이지만 성과 다이묘(봉록이 만 석 이상인 무사)의 저택 건설로 시작되어, 상인이나 장인들이 사는 거리도 계속 커지면서, 에도는 18세기에 100만 명의 인구를 둔 대도시로 변모했습니다. 사람들이 생기 있게 오고 가는 모습을 재현한 니혼바시 다리와 료고쿠바시 다리 모형이 전시 플로어인 6층과 5층에 있습니다. 각각 800개의 모형 안에는 에도 사람들의 희로애락을 생생하게 표현한 1500여 개의 인형이 설치되어 있습니다. 이런 인형들을 보면 세계 제일의 애니메이션 강대국이자 피규어 강대국이 된 일본의 기술을 직접 보는 것처럼 느껴집니다. 인형 1개를 만드는 데 5만~10만 엔이나 들었다고 합니다. 준비된 쌍안경을 이용해서 자세히 보시기 바랍니다.

성이나 해자, 다이묘의 저택, 상점 등을 만드는 토목건축 장인, 종이 등과 같은 일상 생활에 필요한 도구를 만드는 사시모노시(소목장이), 그 당시의 중요한 정보 매체인 목판화를 만드는 과정, 화재가 났을 때에 대활약함으로써 에도의 스타로 불린 히케시구미(소방 조직) 등 여러 사람들의 생활을 생생하게 재현한 전시 안에서 정보 교환을 하기 위해 이용된 독특한 것을 찾아냈습니다. 길거리에 설치된 미아를 알리는 석표입니다. 이것을 보면 에도 사회의 한 측면을 알 수 있습니다. 미아가 발견되면 부모를 찾을 때까지 그 미아가 발견된 동네 사람들에게 부양 의무가 있었기 때문에 한시라도 빨리 부모를 찾아야 했습니다. 그래서 길거리에 석주를 세워 한 면에는 찾고 있는 미아의 이름을 적은 종이를 붙이고 또 한 면에는 발견된 아이에 관한 정보를 붙였습니다. 훌륭한 정보 교환의 방법입니다.

그 당시에는 상점에서 일하는 아이라고 하면 데치보코입니다. 그

丁稚奉公　商家などに住み込みで働き、礼儀作法から商人としてのノウハウを叩き込まれる。給与ではなく、衣食住が支給される。
데치보코 상점 등에서 더부살이하며 예의범절을 비롯한 상인으로서의 노하우를 철저히 배운다. 봉급이 아니라 의식주가 제공된다.

る迷子の名前を紙に書いて貼り、別の面には発見された子供の情報が貼られました。巧みな情報交換の仕組みです。

子供といえば当時は丁稚奉公。その奉公の様子が、三井越後屋の模型内に表現されているのでお見逃しなく。模型の正面からその左側に回ると、番頭さんが呉服屋で働く小僧さんに、売り場での挨拶の仕方を教えている様子が見て取れます。

江戸東京博物館では、日本語はもちろん、英、西、仏、独、中、朝語によるボランティアガイドの方々が活躍中です。ガイドについては事前に問い合わせをしてご確認ください。

清澄庭園

紀伊国屋文左衛門　江戸中期、幕府御用達商人として巨万の富を築いた(1669~1734)。
기노쿠니야 분자에몬 에도 시대 중기에 에도 막부의 납품업자로서 막대한 재산을 쌓았다(1669~1734).

清澄庭園
・江東区清澄2・3丁目
・03-3641-5892(清澄庭園サービスセンター)
기요스미 정원
・고토구 기요스미 2・3초메
・03-3641-5892(기요스미 정원 서비스 센터)

さて江戸東京博物館を出て、清澄通り沿いの大江戸線両国駅から2駅で清澄白河駅に到着します。そこは当時、墨田川をはさんで江戸の漁師、材木商の住居や、多くの物資を貯蔵した蔵が林立していた深川の中心地です。駅から歩いて3分、江戸にその人ありといわれた大商人、紀伊国屋文左衛門の別邸があったとされる地に、三菱財閥の創始者岩崎弥太郎が造った名園、清澄庭園があります。

모습이 미쓰이에치고야(기모노 전문점)의 모형 안에 재현되어 있으니 놓치지 마십시오. 모형의 정면에서 왼쪽으로 돌면 점장이 포목점에서 일하는 도제에게 매장에서의 인사법을 가르치는 모습을 볼 수 있습니다.

에도도쿄박물관에서는 일본어는 물론 영어, 스페인어, 프랑스어, 독일어, 중국어, 그리고 한국어로 안내하는 자원봉사 가이드 분들이 활약하고 있습니다. 안내가 필요하시면 미리 문의하고 확인해주시기 바랍니다.

기요스미 정원

에도도쿄박물관을 나와 기요스미도리 길에 위치한 오에도선 료고쿠역에서 지하철로 두 정거장을 가면 기요스미시라카와역에 도착합니다. 그곳은 당시 스미다가와 강을 끼고 있었으며, 에도의 어부와 재목상의 집과 많은 물자를 저장한 창고가 늘어서 있던 후카가와의 중심지였습니다. 그 역에서 3분 정도 걸어가면 에도의 뛰어난 호상으로 알려진 기노쿠니야 분자에몬의 별저가 있었다고 하는 자리입니다. 지금은 미

清澄庭園 기요스미 정원

日本各地からの奇岩珍石を配して造られた下町のオアシス、水鳥の安息地でのひとときのお休みを楽しんで、深川江戸資料館へ向かいましょう。

深川江戸資料館

庭園から清澄通りを挟んで反対側に茶色の櫓が2基建っているのが、深川江戸資料館の目印です。櫓の間を進んでゆくとちょっとタイムスリップしたかのような懐かしい町並みが広がります。100メートルほど歩くと目指す深川江戸資料館、その向かい側には深川の有名人、ちょんまげを結った高橋さんの土産物屋さんがあります。誰にでも気さくに話しかける下町人情あふれるご主人は町の人気者。外国人とも言葉は通じなくても江戸大道芸･からくり芸で心を通わせることができる方です。このお店では漁師町だった深川ならではのあさりの佃煮が名物ですが、昔の日本玩具もお土産にどうぞ。

さて、1840年頃の深川、佐賀町の一角を実際の建材を使って実物大に忠実に再現した町が体育館のような大きな建物にすっぽり収まっているのがこの資料館の特徴です。一歩展示フロアに踏み込

深川江戸資料館
･江東区白河1-3-28
･03-3630-8625 ･9:30~17:00
･第2･4月曜日休(祝日と重なる場合は翌日)
후카가와 에도자료관
･고토구 시라카와 1-3-28
･03-3630-8625 ･9:30~17:00
･둘째 주･넷째 주 월요일 휴관(공휴일과 겹친 경우에는 그다음 날)

屋根の上の猫 지붕 위의 고양이

쓰비시 재벌의 창시자인 이와사키 야타로가 만든 기요스미 정원이 있습니다. 일본 곳곳에서 가져온 기암괴석을 배치해 만들어진 도심의 오아시스입니다. 물새의 안식처인 이 정원에서 한때의 휴식을 즐긴 다음 후카가와 에도자료관을 향해 걸어갑시다.

후카가와 에도자료관

정원에서 기요스미도리 길을 사이에 두고 반대쪽에 있는 갈색 망루 2개가 후카가와 에도자료관의 표시입니다. 망루 사이로 들어가면 과거로 돌아간 듯한 거리가 펼쳐집니다. 100m 정도 더 걸어가면 목적지인 후카가와 에도자료관이 있고 그 건너편에는 후카가와의 유명인, 일본식 상투머리를 한 다카하시 씨가 운영하는 선물 가게가 있습니다. 누구에게나 스스럼없이 말을 거는 정이 넘치는 주인은 동네에서 많은 사랑을 받고 있습니다. 외국인과 말이 통하지 않아도 에도의 다이도게이(길거리에서 선 보이는 재주)로서 마음으로 교류할 수 있는 분입니다. 이 가게의 명물은 어촌이었던 후카가와 특유의 맛을 그대로 느낄 수 있는 바지락 조림이지만 그 외에 옛날 일본의 장난감도 선물로 추천하고 싶습니다.

1840년경 후카가와 사가초의 한 모퉁이에 실제 있었던 건축물에 사용되었던 건축 재료와 건물의 실물 크기를 똑같이 충실하게 재현해 체육관 같은 큰 건물 안에 그대로 넣었다는 것이 이 자료관의 특징입니다. 전시 플로어에 한 발 들어서면 먼저 오른쪽 지붕 위를 보아주십시오. 거기서 흑백의 얼룩 고양이가 울며 환영 인사를 해주니 놓치지 마

タイムスリップしたかのような江戸の町並み
과거로 돌아간 듯한 느낌이 드는 에도의 거리

んだらまずは右側の屋根の上をご覧ください。白黒ぶちの猫がひと声上げて歓迎のご挨拶をしてくれます。お見逃しなく。フロア全体の音響、照明の変化で1日を15分間で体感できる趣向もこの資料館ならでは。

当時江戸に暮らす人の7割は長屋住まいでした。一人の生活に必要なスペースは畳1帖あれば十分と、狭い部屋で肩寄せあっての暮らしですが、高床式の座敷は雨の日でも快適。張り出した屋根から露地の真ん中に掘った溝に雨水を落とし、下水として流す。このみごとな処理法は、当時のパリやロンドンよりも清潔で疫病などに悩まされなかった江戸の知恵そのものです。現代も、手を洗った水を貯水タンクにいったん貯め、再度水洗水として利用するシステムは、外国人を驚かせます。リサイクルの精神は江戸も現代も変わらず健在です。

深川の漁師の住まい 후카가와의 어부 집

시기 바랍니다. 플로어 전체의 음향과 조명의 변화로 하루를 단 15분만에 체감할 수 있는 것도 이 자료관만의 멋입니다.

그 당시 에도 사람들의 70%가 나가야(일자 모양으로 된 연립 주택)에 살고 있었습니다. 한 사람에게 필요한 생활 공간은 다다미 1장으로 충분하다며 좁은 방에서 어깨를 맞대고 살았지만 나가야의 높은 마루는 비가 오는 날에도 쾌적했습니다. 밖으로 내단 지붕에서 골목 가운데에 파놓은 도랑으로 빗물을 떨어뜨려 하수로 흐르도록 했습니다. 이 훌륭한 처리법은 당시의 파리나 런던보다도 청결하고 질병에도 강했던 에도의 지혜 그 자체입니다. 지금도 화장실에서 손을 씻은 물을 저수 탱크에 일단 담아놓고 그것을 다시 화장실 물을 내리는 데 이용하는 구조는 외국인들을 놀라게 합니다. 재활용 정신은 에도 시대나 지금이나 변함없이 살아 있습니다.

3 江戸の中心は日本橋

에도의 중심부는 니혼바시

↑上野・浅草方面
우에노・아사쿠사방면

江戸通り
에도도리 길

室町三丁目
무로마치 3초메

銀座線
긴자선

三越前駅
미쓰코시마에역

日本銀行
일본은행

三井本館
미쓰이 본관

外堀通り
소토보리도리 길

中央通り
주오도리 길

三越デパート
미쓰코시 백화점

←永田町・渋谷方面
나가타초・시부야 방면

半蔵門線
한조몬선

三越前駅
미쓰코시마에역

日本橋川
니혼바시가와 강

←
中野方面
나카노 방면

東西線
도자이선

小津和紙博物舗
오즈와시 박물관

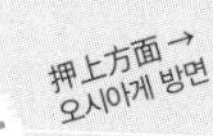

日本橋
니혼바시 다리

江戸橋
에도바시 다리

首都高速道路
수도고속도로

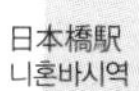

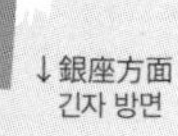

五街道 東海道、中山道、甲州街道、奥州街道、日光街道の5つの街道をさす。

고가이도 도카이도, 나카센도, 고슈카이도, 오슈카이도, 닛코카이도의 5개 간선도로.

日本橋 니혼바시

日本橋

江戸は地方から仕事を求めてきた人々や徳川家に仕える武士たちが生き生きと闊歩する町でした。世界一の商業都市、武家政治の本拠地を造ることを夢見た徳川家康は、魚河岸、米や紙、薬などの生活必需品の市場が開かれていた川端に架かる小さな橋に、江戸橋ではなく、なんと「日本橋」という大胆な名前をつけてしまいました。そして、そこを基点としてというよりはその橋が終着点となる、つまりはすべての道はローマではなく江戸へと人々を引き寄せるために、日本各地へと延びる5つの街道を整備しました。はたして、400年前のもくろみは成功し、現在、日本橋はその名に違わぬ日本の中心地として堂々と生き残りました。

現在の日本橋は1911年に架け替えられたものです。ルネッサンス様式の石造り二重アーチ橋です。日本橋から西へ、東海道の終点京都三条大橋までは503キロ、大阪までは550キロ、鹿児島までは1469キロと橋のたもとの道標にあります。それでは橋のどこからこの距離は測られるのでしょう。実は橋の真ん中に埋め込まれている50センチ四方の日本国道路元標からです。年に1回、車輛の

니혼바시

에도는 지방에서 일자리를 찾아온 사람들과 도쿠가와를 섬기는 무사들이 힘차게 활보하던 도시였습니다. 세계 제일의 상업 도시, 무사가 다스리는 정치의 본거지 건설을 꿈꾼 도쿠가와 이에야스는 수산물 도매 시장과 쌀, 종이, 약품 등을 취급하는 생활 필수품 시장이 열리는 강변에 놓인 작은 다리에 놀랍게도 에도바시(에도교)가 아니라 니혼바시(일본교)라는 대담한 이름을 붙였습니다.

그리고 다리가 기점이라기보다는 종착점이 될 수 있도록, 즉 모든 길이 로마가 아니라 에도를 향해 사람들을 이끌도록 하기 위해 일본 각지로 퍼져 나가는 5개의 간선도로를 정비했습니다. 400년 전의 이 계획은 성공했고 현재 니혼바시는 그 이름에 걸맞게 일본 중심부로서 당당히 살아남았습니다.

현존하는 니혼바시는 1911년에 다시 놓은 다리입니다. 르네상스 양식의 석조 이중 아치입니다. 니혼바시로부터 서쪽으로 도카이도(간선도로 중 하나)의 종점인 교토 산조오하시까지 503km, 오사카까지 550 km, 가고시마까지는 1469km라고 다리 밑 도표에 적혀 있습니다. 그런데 이 거리를 다리의 어디서부터 재는지 아십니까. 실은 다리 한가운데에 묻혀 있는 50cm 정도의 일본도로원표로부터 재는 것입니다. 1년에 한 번 차량 통행을 잠시 차단하고 근린 주민들이 깨끗이 청소한다고 합니다.

니혼바시는 문화재로 지정된 다리임에도 불구하고 현재 다리 위를 덮는 듯 수도고속도로가 뻗어 있습니다. 1964년 도쿄 올림픽 개최를 위해 니혼바시 강변에 만든 고속도로는 지금도 대도시 도쿄의 대동맥

通行をいったん遮断し、近隣の方々がきれいに掃除をするそうです。

日本橋は文化財にも指定されている橋ですが、現在は首都高速道路が覆いかぶさるように上を走っています。1964年の東京オリンピック開催のために日本橋川沿いに造られた高速道路は、今も大都市東京の大動脈として大きな役割を果たしている一方で、文化の香り高い建造物である日本橋を容赦なく覆いつくしてしまっているのです。

しかし、近年美しい橋と清らかな川をよみがえらせる計画が検討されています。「日本橋地域ルネッサンス100年計画」です。この計画によると、まずは高速道路を撤去、川沿いの建物も移し、その代わりにゆっくりと散歩が楽しめるプロムナードを両岸に造るそうです。100年先の人々が見るこの橋の周辺はさぞかし美しかろうと夢が膨らみます。

中央通りを北へ、創業(1673年)以来多くの日本初のサービスを発信してきた百貨店、三越へ向かいましょう。三越の前身である越後屋は、「現金掛け値なし」というスローガンで初めて店頭で着物の定価販売を行う事により信用と人気を得、呉服なら越後屋というブランドを手にしました。その後明治時代にはフランス製の自動車による配達サー

三越
- 中央区日本橋室町1-4-1
- 03-3241-3311 ・10:00~19:00
- 定休日なし

미쓰코시
- 주오구 니혼바시 무로마치 1-4-1
- 03-3241-3311 ・10:00~19:00
- 연중무휴

ライオン像 사자상

日本銀行
- 中央区日本橋本石町2-1-1
- 03-3279-1111
- 重要文化財に指定されている本館の見学ツアーも実施されている。予約は03-3277-2815まで。

일본은행
- 주오구 니혼바시 혼고쿠초 2-1-1
- 03-3279-1111
- 중요 문화재로 지정되어 있는 본관 견학 투어도 실시되고 있다. 예약은 03-3277-2815로.

으로서 큰 역할을 하고 있는 반면 문화적 향기가 가득한 니혼바시의 건축물을 아쉽게도 덮어버리고 말았습니다.

그러나 최근 아름다운 다리와 맑은 강을 되살리려는 계획이 검토되고 있습니다. 니혼바시 지역 르네상스 100년 계획입니다. 이 계획에 따르면 우선 고속도로를 철거하고 강변에 지은 건물을 옮겨 그 자리에 여유롭게 산책을 즐길 수 있는 산책로를 만든다고 합니다. 100년 후에 사람들이 보는 다리 주변은 얼마나 아름다울지 꿈이 부풀어 오릅니다.

주오도리 길을 따라 북쪽으로 미쓰코시를 향해 걸어봅니다. 미쓰코시는 1673년 창업 이래 참신한 서비스를 전파해온 백화점 그룹입니다. 미쓰코시는 현찰 정가 판매, 에누리 없음이라는 슬로건을 내세워 에치고야라는 이름으로 시작했습니다. 최초로 가게에서 옷을 정가 판매하며 신용과 인기를 얻어 옷 하면 에치고야라는 브랜드를 얻습니다.

그 후 메이지 시대에는 프랑스제 자동차를 사용해 배달 서비스도 개시합니다. 1904년에 미쓰코시 기모노점으로 상호를 변경하고 그다음 해에 백화점 시장 진출을 선언한 이후 일본 최초로 에스컬레이터 도입, 극장 개설, 지하철 입구 연결 등 참신한 아이디어로 끊임없이 도전하며 현재도 니혼바시 지역 개발에 중요한 역할을 담당하고 있습니다. 당당한 르네상스 양식의 건물과 사자상은 니혼바시의 상징적 존재입니다.

미쓰코시 뒷편에 에도 시대 긴자(금화를 주조하던 관청)가 있던 자리에는 일본은행이 그 위용을 자랑하고 있습니다. 에도 시대가 막을 내리고 메이지 시대가 열리면서 일본 화폐 가치의 안정을 위해 1882년(메이지10년)에 일본은행이 설립되었습니다. 그 후 1896년에 신축되어 현재의 위치로 옮겼습니다. 벨기에은행을 모델로 삼아 지어진 이 건물은 일본

ビスを開始。1904年に三越呉服店となり、翌年のデパートメントストア宣言以来、エスカレーター日本初導入、劇場開設、地下鉄乗り入れなど新しい試みを続け、今でも日本橋地域開発の中心です。堂々としたルネサンス式の建物やライオン像は、日本橋のシンボルになっています。

三越のすぐ裏手、江戸時代には金座があった場所には日本銀行がその威容を誇っています。時代は江戸から明治に変わり、日本の通貨価値の安定を図るために1882年(明治10年)に日本銀行が設立されます。その後1896年に新築され現在の地に移転しました。ベルギー銀行をモデルにした国の重要文化財の建物は、真上から見ると漢字の「円」の形をしています。歴史ある外観を眺めながら、しばし近代日本の生まれる時代に思いを馳せてみましょう。

幕末の頃、日本の金銀比価は金1に対して銀5(1:5)と国際比価(1:13)とは大きな違いがありました。たとえば、海外から日本に持ち込まれた5グラムの銀を1グラムの金と交換し、その1グラムの金を上海や香港で銀に交換すると13グラムの銀になる。その13グラムの銀をまた日本で金と交換すると3グラム弱の金になる。あっという間に3倍近くの利益が生まれるわけです。加えて、海外から持ち込まれた洋銀と国内の高価値の銀とが同種同量の原則に基づき両替されることから起こる貨幣両替の混乱、大量の金貨流出、物価の高騰などの問題が経済の混乱を生み、ひいては明治維新の引き金になったともいわれます。

それでは次に、終焉が近い頃の徳川幕府の懐具合を推測させるものが残っているスポットを訪ねてみましょう。中央通りに戻り、歩みを進めて三越から北に進み、2つ目の交差点を右へ曲がると大伝馬本

日本の中央銀行。日本の金融、経済の中枢を担う
일본의 중앙은행. 일본 금융·경제의 중추를 맡고 있다

의 중요 문화재로 지정되어 있으며 위에서 보았을 때 한자 엔(일본 화폐 단위) 모양을 하고 있습니다. 역사적인 건물을 감상하며 잠시나마 근대 일본이 탄생한 시대를 상상해봅시다.

에도 말기 일본의 금과 은의 교환 비율은 1 대 5로 국제 교환 비율인 1 대 13과 큰 차이를 보였습니다. 예를 들어 해외에서 들여온 은 5g을 금 1g과 교환한 후 그 금을 상하이 또는 홍콩에서 은과 교환하면 13g이 됩니다. 그 후 13g의 은을 일본에서 금과 재교환하면 약 3g의 금이 됩니다. 순식간에 3배에 가까운 이익이 발생하는 셈입니다. 덧붙이자면 해외에서 들여온 서양 은전과 국내의 고가 은이 같은 조건으로 환전됨으로써 발생하는 화폐 환전에 대한 혼란, 금의 대량 유출, 물가 상승 등이 경제 혼란을 일으키고 나아가서는 메이지 유신의 계기가 되었다고 알려져 있습니다.

伝馬 馬の背に荷お積み,宿から宿へと送る制度で、江戸時代には民間の輸送に用いられた。
덴마 말의 등에 짐을 실어 다음 숙소에 보내는 제도. 에도 시대에는 민간 수송으로 이용되었다.

小津和紙博物舗
・中央区日本橋本町3-6-2小津本館ビル・03-3662-1184・10:00~18:00
・日曜定休
오즈와시 박물관
・주오구 니혼바시 혼초 3-6-2 오즈본관 빌딩・03-3662-1184・10:00~18:00
・일요일 정기휴일

小津和紙資料館2階
・10:00~18:00・日曜定休
・1653年、伊勢松坂から江戸に出てきた小津清左衛門長弘が、大伝馬町に紙商を開業。当時からの貴重な古文書などが展示されている。
오즈와시 자료관 2층
・10:00~18:00・일요일 정기휴일
・1653년 이세마쓰자카로부터 에도로 올라온 오즈 세이자에몬 나가히로가 오덴마초에 종이 도매상을 개업. 귀중한 고문서 등이 전시되어 있다.

町通りに入ります。この通りこそ実は、当時江戸で一番の繁華街、メインストリートであり、多くの大店が立ち並ぶ美しくも活気あふれる町並みが広がっていたのです。残念ながら、現在その面影はまったくありませんが、昔この通りに大店として店を構えていた紙問屋の小津和紙博物舗を目指します。現在では移転し、この通りを進み、高速道路を横切ってすぐ左側にあります。創業1653年、幕府とも深い関係のあった紙問屋です。現在は紙漉き体験や色鮮やかな和紙製品の買い物が楽しめます。

2階にある資料館を訪れると、この紙問屋の経済人としての実力が伝わってくる珍しい展示物に出合えます。幕府へご用金として貸しつけた1万5千両、現在の価値で15億円相当の証文がガラスケースに収まっています。幕府の存続をかけての戦い、第二次長州征伐の軍事費に充てられたものです。でも、ちょっと待ってください。証文がまだ残っているということは? 返済は一切なし、一銭も戻らなかった証拠です。和紙は1000年の耐久性があるといわれており、消してしまいたいものも長持ちしてしまうのでご用心です。ちなみに和紙に墨で書き込んだ大黒帳は火事の際は井戸に投げ込まれたそうです。水にも溶けずまた乾かせば元通

그럼 다음으로 에도 시대 말기의 호주머니 사정을 추측할 수 있는 장소를 찾아가봅시다.

주오도리 길로 되돌아가서 미쓰코시 북쪽으로 걸어가다가 두 번째 교차점을 오른쪽으로 돌아 오덴마혼초도리 길로 들어갑니다. 이 거리야말로 당시 에도에서 가장 번화가였던 중심가로 큰 상점이 많이 자리 잡고 있는 아름답고 활기찬 거리였습니다. 아쉽게도 현재는 그 모습을 볼 수 없지만 옛날 이 거리에서 큰 상점을 운영했던 종이 도매상 오즈와시 박물관을 찾아가봅시다. 현재는 자리를 옮겨 이 거리를 직진하다가 고속도로를 건너면 바로 왼쪽에 있습니다. 1653년에 창업했고 에도 시대 말기에도 큰 영향을 끼쳤던 종이 도매상입니다. 지금은 가미스키(수작업으로 종이 만들기) 체험과 색채가 화려한 일본 종이 제품의 쇼핑을 즐길 수 있습니다.

2층 자료관으로 올라가면 이 종이 도매상의 경제인으로서의 실력을 알 수 있는 희귀한 전시물도 볼 수 있습니다. 에도 막부에 빌려준 1만 5000료(에도 시대의 화폐 단위), 현재 가격으로 15억 엔에 상당하는 증문이 유리 쇼케이스에 보존되어 있습니다. 에도 막부의 존속이 걸려 있던 싸움인 제2차 조슈 정벌(1866년 에도 막부와 조슈한 사이에 일어난 전쟁)의 군사비로 충당된 것입니다. 하지만 잘 생각해보십시오. 증문이 아직 남아 있다는 것은 상환되지 않고 남은 돈이 하나도 없다는 증거입니다. 와시(일본 종이)는 1000년의 내구성이 있다고 하니 지워버리고 싶은 내용도 오래 보존되는바 주의하셔야 합니다. 참고로 와시에 먹으로 기입한 장부는 화재가 일어나면 우물에 던졌다고 합니다. 와시는 물에도 풀리지 않고 말리면 원래대로 되돌아간다고 하니, 와시이기에 가능한, 거짓말 같은 실제 이야기입니다.

伊場仙
・中央区日本橋小舟町4-1伊場仙ビル1階 ・03-3664-9261
・10:00~18:00(5~8月土曜は11:00~17:00) ・日曜・祝日休み
이바센
・주오구 니혼바시 고부나초 4-1 이바센 빌딩 1층 ・03-3664-9261
・10:00~18:00(5~8월 토요일은 11:00~17:00) ・일요일・공휴일 쉼

りになるという和紙だからこその嘘のような本当のお話です。

最後に、小津和紙博物舗を出て左へ進み2つ目の角を左へ曲がり、1590年の徳川家康の江戸入りに同行した一代目から代々伝統を受け継いで、現在も扇子、団扇、和文具、和雑貨を扱う老舗伊場仙に立ち寄りましょう。

伊場仙のルーツは浮世絵の版元業です。当時はかけそば1杯と同じ値段で買えた浮世絵ですが、そこに登場する絵柄は現在のグラフィックアートに匹敵する時代の最先端をゆくものでした。その企画から製作、販売に至るすべてのプロデュースを担ったのが版元です。創業以来、連綿と伝統を継承してきた14代目当主は現在進行中の日本橋再開発に夢を語ります。伊場仙の洗練された江戸模様の扇子は江戸の粋そのもの。自慢できる日本橋のお土産はこれで決まりです。

마지막으로 오즈와시 박물관을 나와서 왼쪽으로 두 번째 모퉁이를 돌아가 봅시다. 1590년 도쿠가와 이에야스와 동행하여 에도로 이동해온 후 조상 대대로 물려받은 전통 있는 가게 이바센에 들러봅시다. 이곳에서는 지금도 부채, 전통 문구, 잡화를 판매하고 있습니다.

이바센의 기원은 우키요에(서민적인 풍속화) 출판업자입니다. 당시 메밀국수 한 그릇과 같은 가격으로 살 수 있던 우키요에지만 거기에 등장하는 그림은 현대 그래픽 아트에 필적하는 최첨단 기술이었습니다. 출판업자는 기획에서 제작, 판매에 이르는 모든 생산을 맡았습니다. 창업 이래 계속해서 전통을 계승해온 14대 당주는 현재 진행 중인 니혼바시 재개발의 꿈을 이야기합니다. 이바센의 세련된 에도 무늬 부채는 멋진 에도 스타일을 자랑하는 일본 기념품입니다.

4 芸術香る上野から

예술의 향기는 우에노에서

千葉 · 成田方面
지바 · 나리타 방면
谷中霊園
야나카 묘원
イナムラショウゾウカフェ
이나무라 쇼조 카페
下町風俗資料館
시타마치 풍속 자료관
寛永寺
간에이지
墓地
묘지
鶯谷駅
우구이스다니역
東京芸術大学
도쿄예술대학
法隆寺宝物館
호류지 보물관
東京都美術館
도쿄도미술관
東京国立博物館
도쿄국립박물관
池田門
이케다문
表慶館
표경관
上野動物園
우에노 동물원
東洋館
동양관
上野公園
우에노 공원
山手線
야마노테선
京成線
게이세이선
国立科学博物館
국립과학박물관
国立西洋美術館
국립서양미술관
↑北千住方面
기타센주 방면
浅草方面 →
아사쿠사 방면
京成上野駅
게이세이 우에노역
上野駅
우에노역
銀座線
긴자선
不忍池
시노바즈이케
日比谷線
히비야선
大手町 · 霞ヶ関方面
오테마치 · 가스미가세키 방면
↓ 銀座方面
긴자 방면
品川方面
시나가와 방면
↙ 神田 · 橋方面
간다 · 신바시 방면

上野駅

日本に鉄道が敷かれたのは今から130年余り前の明治5年(1872年)、現在の新橋から横浜を目指して走る陸蒸気の出現です。その12年後、明治17年(1884年)に開業したのが上野駅です。今ではハードロックカフェ東京2号店もある大規模な設備を誇る駅になりました。公園口改札を出るとすぐに上野公園です。近代の歴史が動き出した地、上野から現代アートの町、谷中を訪ねるルートをご紹介します。

江戸から東京へ歴史が変動する幕末、上野では、彰義隊と新政府軍の戦いがあり大きな戦火が上がりました。徳川家の菩提寺である寛永寺の30余りの伽藍はほぼすべて消失し、上野の山は焼け野原になりました。その後すっかり生まれ変わり、現在は東京国立博物館、国立科学博物館、国立西洋美術館、東京都美術館、上野動物園、東京都文化会館、東京芸術大学など、年齢を問わず、訪れた人の心を豊かにする文化芸術の華が咲いています。

陸蒸気 明治初期、汽車のことを総称してこう呼んだ。
육증기 메이지 초기, 기차를 총칭해서 이렇게 불렀다.

ハードロックカフェ東京2号店
・台東区上野 7-1-1アトレ上野1階 ・03-5826-5821 ・7:00~23:00 ・無休
하드록카페 도쿄 2호점
・다이토쿠 우에노 7-1-1 아토레 우에노 1층 ・03-5826-5821 ・7:00~23:00 ・무휴

彰義隊 新政府に反抗した旧幕府の家臣の集まり。2000人ほど。
쇼기타이 신정부에 반항한 구막부의 가신 모임. 2000명 정도.

우에노역

일본에 철도가 생긴 것은 지금으로부터 130여 년 전인 메이지5년(1872), 현재 신바시에서 요코하마를 향해 달리는 증기 기관차가 출현한 때입니다. 그로부터 12년 후, 메이지17년(1884)에 개업한 것이 우에노역입니다. 지금은 하드록카페 도쿄 2호점도 있는 대규모 시설을 자랑하는 역이 되었습니다. 공원 입구 개찰구를 나오면 바로 우에노 공원입니다. 근대 역사가 움직이기 시작한 땅, 우에노로부터 현대 예술의 도시, 야나카를 방문하는 경로를 소개합니다.

에도에서 도쿄로 역사가 변동하는 막부 말기, 우에노에서는 쇼기타이와 신정부군의 전쟁으로 큰 화재가 일어났습니다. 도쿠가와 가의 신주를 모신 사원인 간에이지의 30여 개 건물은 모두 소실되고 우에노는 전부 불타서 들판으로 변해버렸습니다. 현재는 도쿄국립박물관, 국립과학박물관, 국립서양미술관, 도쿄도미술관, 우에노 동물원, 도쿄문화회관, 도쿄예술대학교 등 남녀노소를 막론하고 방문하는 사람들의 마음을 풍요롭게 해주는, 문화 예술의 꽃이 피는 장소가 되었습니다.

東京国立博物館 도쿄국립박물관

国立科学博物館 국립과학박물관

上野動物園 우에노 동물원

東京国立博物館
・台東区上野公園13-9
・03-3822-1111 ・9:30~17:00
・月曜定休(月曜が祝日の場合は開館、翌日休み)
도쿄국립박물관
・다이토구 우에노고엔 13-9
・03-3822-1111 ・9:30~17:00
・월요일 정기휴일(월요일이 공휴일인 경우는 개관, 그다음 날이 휴일)

東京国立博物館

明治15年(1882年)、東京国立博物館は寛永寺本坊跡地にイギリス人ジョサイア・コンドル設計により国立の博物館として建設されました。その後関東大震災で損壊し、現在の本館が再建されたのは昭和13年(1938年)。日本最大の総合的な美術品収蔵施設として内外の美術愛好家でいつもにぎわっています。国宝91件、重要文化財616件を含めて10万件以上の収蔵数を誇っています。

本館で平常陳列展示を鑑賞するだけでも2時間はたっぷりかかります。まずは中央の大階段を上がり2階からスタートします。古代から近代に至る、時代を代表する美術品が年代順に展示してあります。

見終わって表に出ると目の前に広がる池。その周りには今見てきた美術品に圧倒された心と目を休めるためのようにベンチがあり、ほっとひと息つけます。見回してみると、右手には緑のドーム屋根が中央にある秀麗な建物、表慶館。1909年に当時の皇太子殿下のご成婚を記念して建てられました。緑のライオン像が入り口で出迎えてくれます。建築家は赤坂の迎賓館も手がけた片山東熊です。迎賓館は国賓でなければ立ち入りできません

도쿄국립박물관

메이지15년(1882), 도쿄국립박물관은 간에이지 대웅전 자리에 영국인 조사이어 콘더(Josiah Conder)의 설계에 의해 국립박물관으로 건설되었습니다. 그 후 관동 대지진으로 인해 파손, 현재의 본관이 재건된 것은 쇼와13년(1938)이었습니다. 일본 최대의 종합적인 미술품 수장 시설로서 국내외 미술 애호가들로 언제나 붐비고 있습니다. 국보 91점, 중요 보물 616점을 포함하여 10만 점 이상의 수장품을 자랑합니다.

본관에서 평소 진열된 전시를 감상하는 것만으로도 두 시간은 충분히 걸립니다. 우선 중앙 계단을 올라가 2층에서부터 보겠습니다. 고대부터 현대에 이르는 시대를 대표하는 미술품이 연대순으로 전시되어 있습니다.

다 둘러본 후 밖에 나가면 눈앞에 펼쳐지는 연못. 연못 주위에는 방금 본 미술품에 압도된 마음과 눈을 쉬게 할 수 있는 벤치가 있어서 한숨 돌릴 수 있습니다. 둘러보면 오른쪽에는 중앙의 지붕이 녹색 돔으로 되어 있는 수려한 건물, 표경관이 있는데 1909년 당시 황태자 전하의 성혼을 기념하여 세워졌습니다. 녹색 사자상이 입구에서 맞이해줍니다. 아카사카 영빈관을 세운 가타야마 도쿠마가 지었습니다. 영빈관은 국빈이 아니면 출입할 수 없습니다만 그 관내 의장이 베

表慶館 표경관

が、館内の意匠はベルサイユ宮殿に似ているとのことなので、同じ建築家の手による表慶館の内部の美しさを味わってみてはいかがでしょうか。博物館の展示についてのインフォメーションカウンターもあります。

池をはさんで反対側にはモダンな建物があります。東洋館です。日本を除く東洋の美術、工芸作品などを陳列しています。設計者は近代日本モダン建築の大御所、谷口吉郎です。そして彼の息子の谷口吉生も父と同じく建築家となり、同博物館の法隆寺宝物館を設計しました。ちなみに彼は2004年11月に開館したニューヨーク近代美術館新館も設計しています。

法隆寺宝物館

法隆寺宝物館の入り口前には大きな水盤のような池があり、そこを渡る訪問者を清々しく迎えてくれます。収蔵している300余りの収蔵物は、明治初期1878年に奈良、法隆寺から皇室に奉納されたものです。法隆寺は日本最古の寺院であり、国宝の建物、仏像、工芸品などを守ってきたのですが、明治時代になり徳川幕府の保護もなくなり、

르사유 궁전과 비슷하다고 하니 건축가에 의해 디자인된 표경관 내부의 아름다움을 맛보는 것은 어떻습니까? 박물관 전시물에 대한 안내소도 있습니다.

東洋館 동양관

연못을 끼고 반대 측에는 모던한 건물이 있습니다. 동양관입니다. 일본을 제외한 동양의 미술, 공예 작품 등이 진열되어 있습니다. 설계자는 근대 일본 모던 건축의 중진인 다니구치 요시로입니다. 그리고 그의 아들인 다니구치 요시오도 아버지와 같은 건축가가 되어 이 박물관의 호류지 보물관을 설계했습니다. 그는 2004년 11월에 개관한 뉴욕근대미술관 신관도 설계했습니다.

호류지 보물관

호류지 보물관 입구 앞에는 큰 연못이 있고 그 연못이 방문자들을 상쾌하게 맞이해줍니다. 300여 점에 이르는 수장품은 메이지 초기 1878년에, 나라 현에 있는 호류지가 황실에 봉납한 것입니다. 호류지는 일본에서 가장 오래된 절이며 국보인 건물, 불상, 공예품 등을 지켜왔지만 메이지 시대에는 도쿠가와 막부의 보호를 받지 못해 경제적으로 곤궁 상태에 빠지게 되었습니다. 그래서 수장하던 국보 14점을 포함한 319점의 미술 공예품을 황실에 봉납하고 1만 엔을 받았습니다.

経済的に困窮状態に陥りました。そこで、所蔵していた国宝14点を含む319件の美術工芸品を皇室に奉納し、1万円を手にしたとのこと。現在の価値で2億円ほどです。

古代の美術品は主に発掘されたものが多く、その出自がはっきりしていないので「伝」という文字がつくものが多いのですが、この宝物館が所蔵するものは法隆寺が所持していた事物というお墨付き、出所がはっきりしているという点で大変意義がありかつ価値の高いものなのです。

展示物は7世紀からの国宝14点、重要文化財239件、8割以上が国指定文化財です。特に1階第2室の金銅仏の展示フロアは圧巻です。36体の金銅仏は1300年前の寺院内の照明レベルを再現したほの暗い中に浮かび上がります。個人の礼拝用に作った20センチほどの仏像の台座には銘文が読み取れるものがあります。亡くなった妻のために、あるいは子が親を偲んで作った観音菩薩があり、古代人の人間的な感情が豊かに伝わってきます。ガラスケースは窒素ガスが充填してあり、温度が一定に保たれています。光ファイバーによる下からのひと筋の照明は古代のろうそくの明かりを再現しています。各ケースの正面には、よくある名称や解説の札が見当たりません。そこには、先入観念のないまま、まずは鑑賞し、味わい、仏像と対峙してほしいという本館の意図があります。ケースの周囲をぐるりと見てください。横に解説がついています。近づいて見ると仏像の横や後ろにも精巧な装飾が施されているのがわかります。

観音菩薩とは、真理に目覚めて如来になる一歩手前で、いまだ修行中の仏様です。慈悲深く、この世で苦しみ悩んでいる人がすべて救

현재 돈으로 하면 2억 엔 정도가 됩니다.

고대 미술품은 주로 발굴된 것이 많아 그 출처가 명확하지 않기 때문에 '전'이라는 문자가 붙은 것이 많습니다. 그러나 이 보물관이 수장하는 것들은 호류지가 수장했다는 것과 출처가 명확하다는 점에서 매우 의의가 있고 가치 있는 것들입니다.

전시물은 7세기부터의 국보 14점, 중요 문화재 239점으로 80% 이상이 국가 지정 문화재입니다. 특히 1층 제2실에 전시되어 있는 36체의 금동불 전시 플로어는 압권입니다. 1300년 전 사원의 밝기를 그대로 재현한 어슴푸레한 조명 속에서 불상이 떠오르는 듯이 보입니다. 개인 불공용으로 제작한 20cm 불상 좌대에는 문장이 새겨져 있습니다. 죽은 아내를 기리거나 또는 자식이 부모를 사모하여 만든 관음보살로 옛날 사람들의 인간적인 감정을 풍부하게 느낄 수 있습니다. 유

法隆寺宝物館 호류지 보물관

われることを誓願しています。ところで仏像の種類を見分ける簡単な方法をご紹介しましょう。それは衣服や装飾品を見ればすぐ分かります。

悟りを開いた如来は飾り気のない1枚の法衣だけを身につけます。頭部にも何もつけないことがほとんどです。次に菩薩は仏教の創始者である釈迦族のゴータマ·シッダッタが王子だった頃の衣服や装飾品を身につけています。ネックレスや長く垂らした髪、肩から流れるように巻かれたスカーフなど、美しく飾りたてられています。特に千手観音菩薩はあらゆる人々を救うために変幻自在に姿を変えるのです。頭の上ににぎやかに11面の小さい顔をのせ、さまざまな道具を持った千本の手を差し伸べていたりします。超能力の持ち主であり、その能力を多次元で表現しています。

そのほか明王や天部と呼ばれる仏像があります。如来や菩薩の穏やかな表情とまるで違う、はっきりした人間的感情が表れています。明王は目をむいた怒った表情です。如来や菩薩の言うことを聞かない愚かな人々を烈火のごとく怒り、反省してやり直せと励ましています。最後の天部は仏教を悪霊や邪気から守るガードマンです。宮廷で仕えていた女官の姿をしている吉祥天や弁才天は女性的なやさしい姿ですが、ほかは戦士のよう

리 케이스에는 질소 가스가 채워져 있어 온도를 일정하게 유지하고 있습니다. 광파이버로 연출한 한 줄기의 조명은 고대 촛불의 불빛을 재현했습니다. 각 케이스의 정면에는 흔히 볼 수 있는 명칭이나 해설이 쓰여진 설명판이 눈에 띄지 않습니다. 이것은 선입견 없이 우선 감상하고 음미하며 불상과 마주하기를 바라는 박물관의 의도입니다. 케이스의 주위를 둘러보면 옆에 해설이 붙어 있습니다.

불상 가까이 가면 불상의 옆이나 뒤에도 정교한 장식이 있는 것을 볼 수 있습니다

관음보살이란 성도하여 여래가 되기 위해 수행 중인 자를 이릅니다. 한없이 자비롭고, 이 세상에서 괴로워 고민하고 있는 모든 중생이 제도되기를 빌고 있습니다. 그럼 이제 불상의 종류를 구별할 수 있는 간단한 방법을 소개하겠습니다. 불상의 의복이나 장식품을 보면 곧 알 수 있습니다.

득도한 여래는 장식이 없는 한 장의 법의만을 입고 있습니다. 머리 부분에는 아무 장식도 하지 않은 것이 대부분입니다. 보살은 불교 창시자인 샤카족 출신 '고타마 싯다르타'가 왕자였을 때 착용했던 의복의 모습으로 장식품을 달고 있습니다. 목걸이나 길게 늘어뜨린 머리, 어깨에 흐르듯 감긴 얇은 천 등이 아름답게 장식되어 있습니다. 특히 천수관음보살은 모든 사람들을 구하기 위해 수시로 모습을 바꿉니다. 머리 위에 11개의 작은 얼굴이 올려져 있고, 여러 가지 도구를 든 천 개의 손을 가지고 있습니다. 초능력의 소유자로서 그 능력을 다양한 차원으로 표현하고 있습니다.

이 외에도 명왕이나 천부라고 불리는 불상이 있습니다. 여래나 보살의 부드러운 표정과는 전혀 다른 인간적 감정이 나타나 있습니다.

に鎧をまとったものなど戦闘モードそのものです。

さて法隆寺宝物館ではほかにも、教科書でよく見かける、お釈迦様が、母である摩耶夫人の袖口から誕生するその瞬間を造形化した「摩耶夫人及び天人像」も見逃せません。また、国宝の水瓶は名品中の名品です。竜の頭を注ぎ口、身体を把手にかたどり、胴部分にはササン朝ペルシャの天馬ペガサス文様が見られます。東の竜と西の天馬がシルクロードを行きかい、ひとつの水瓶にみごとに共存し、美しくよみがえったのです。

寛永寺

竜首水瓶　飛鳥時代の作品。
용수 물병　아스카 시대의 작품.

東京国立博物館の正面の門を出て右へ進むと、旧池田家屋敷の表門がどっしりと建っています。もともと丸の内にあった屋敷の正門が東宮御所、高松宮邸と移築を重ね、最終的に現在の地に落ち着きました。大屋根の下に2つの唐破風屋根があり、当時の大名の威光が伝わる立派な門です。

池田屋敷表門　現在の鳥取県、因州池田家の表門。屋敷門としては国持大名の格式を持っており、国の重要文化財となっている。
이케다가 저택의 정문　현재 도토리 현에 있는 인슈이케다 가의 정문. 저택 문 치고는 다이묘의 격식이 있어 일본 중요 문화재로 지정되어 있다.

この門を通り過ぎて国立博物館の敷地の角を右へ曲がり、東京芸術大学のキャンパスを左に見ながら進みます。ほどなくすると静かな住宅街の右

唐破風屋根　屋根の上半分をふくらませ、下半分に反りをつけた装飾性の高い豪奢な屋根。
당파풍 지붕　지붕 윗부분을 올리고 가장자리는 둥글게 만든 호사스러운 지붕.

명왕은 눈을 부릅뜬 채 노한 표정을 짓고 있습니다. 여래나 보살의 말을 듣지 않는 어리석은 사람들에게 불처럼 화를 내, 반성하고 다시 시작하라고 하는 것 같습니다. 마지막으로 천부는 불교를 악령이나 사악한 것으로부터 지키는 수호신입니다. 궁에서 시중을 들던 시녀의 모습을 한 길상천이나 변재천은 여성답고 우아한 모습을 하고 있지만 다른 불상들은 전사와 같이 갑옷을 입고 전투 모드를 그대로 보여주고 있습니다.

호류지 보물관에는 교과서에서 흔히 볼 수 있는 부처님이 어머니인 마야 부인의 소맷부리에서 탄생하는 그 순간을 조형화한 '마야 부인과 천인상'도 있는데, 놓치지 말고 꼭 보시기 바랍니다. 그리고 국보이기도 한 물병은 명품 중의 명품입니다. 용의 머리 모양을 한 주둥이, 손잡이, 몸체 부분에는 사산조 페르시아의 천마 페가수스 문양이 그려져 있습니다. 동양의 용과 서양의 천마가 실크로드를 오가는 것이, 이 물병 안에 공존하고 있으며 아름답게 그려져 있습니다.

간에이지

도쿄국립박물관의 정문을 나와서 오른쪽으로 나아가면, 구이케다가 저택의 정문이 육중하게 서 있습니다. 원래 마루노우치에 있었던 저택 정문은 도구고쇼, 다카마쓰노미야의 저택으로 이전을 거듭해서 최종적으로 현재 있는 곳에 안착했습니다. 큰 지붕 밑에 2개의 당파풍 지붕이 있으며, 당시 다이묘의 위세가 느껴지는 훌륭한 문입니다.

이 문을 지나서 국립박물관의 부지 모퉁이를 오른쪽으로 돌아가서

東照大権現 1616年家康没の翌年、後水尾天皇から家康に贈られた称号。
도쇼다이곤겐 이에야스가 죽은 1616년 다음 해에 고미즈노오 천황(에도 시대 초기 천황)이 이에야스에게 수여한 칭호.

手に、白い壁に囲まれた大きな本堂の偉容が見えてきます。江戸時代、奈良の東大寺と同じ規模の建造物を有していたともいわれる上野寛永寺の現代の姿です。広大な敷地を誇っていた寛永寺は江戸時代、仏教寺院の最高位にあった寺のひとつでした。

寛永寺は江戸城に対して北の方角にある小高い台地に建てられました。悪霊が攻め入るのは北東の鬼門からです。京都の北東には比叡山の延暦寺、江戸の北東には上野の寛永寺がそれぞれの都を守っていました。徳川家の繁栄祈願と菩提を弔うお寺でもあります。

徳川家初代将軍家康は死後、自らが造った都、江戸を見守りながら、遠く天皇の住む京都に睨みをきかせるために東の方角で照り輝く神様、東照大権現となりました。後に世界遺産に登録されることになる日光東照宮に神として奉られたわけです。

絢爛豪華なお宮は世界中の訪問者を魅了しています。「日光を見ずして結構と言うなかれ」。ニッコウとケッコウは韻を踏んでいるので、海外からのお客様にはこのことわざがうけます。

そして残りの将軍たちは西方極楽浄土で仏様になるべく祭られました。日本を265年間統治した徳

도쿄예술대학의 캠퍼스를 왼쪽에 두고 걸어갑니다. 조용한 주택가의 오른쪽에 흰 벽으로 둘러싸인 큰 대웅전(본당)의 위용이 보입니다. 에도 시대에는 나라에 있는 도다이지와 같은 규모의 건조물을 소유하고 있었다고도 하는 우에노 간에이지의 현대 모습입니다. 광대한 부지를 자랑하고 있었던 간에이지는 에도 시대에 불교 사원의 최고 위치에 있었던 절 중 하나였습니다.

간에이지는 에도 성을 마주 보고 북쪽 방향에 있는 조금 높은 대지에 세워졌습니다. 악귀가 쳐들어오는 것은 북동의 귀문으로부터입니다. 교토의 북동에는 히에이잔의 엔랴쿠지, 에도의 북동에는 우에노 간에이지가 각각의 수도를 지키고 있었습니다. 도쿠가와 가의 번영을 기원하고 명복을 비는 절입니다.

도쿠가와 막부의 초대 장군 이에야스는 죽은 뒤, 자신이 만든 수도인 에도를 지켜보면서 멀리 천황이 사는 교토에 위엄을 보이기 위해서 동쪽 방향에서 아름답게 빛나는 신인 도쇼다이곤겐(일본 신의 칭호 중 하나)이 되었습니다. 나중에 세계유산에 등록되는 닛코토쇼구에서 신으로 모셔지게 되었습니다.

호화찬란한 신사는 온 세계에서 오는 방문자들을 매료시키고 있습니다. '닛코를 안 보고 겟코(좋아)라고 말하지 마라'는 격언이 있는데 '닛코'와 '겟코'는 운을 맞추고 있으므로 해외에서 온 고객들이 재미있어 합니다.

그리고 다른 장군들은 서방극락정토(불교에서 성역과 이상의 세계)에서 부처님으로 성불할 수 있도록 모셨습니다. 일본을 265년간 통치한 도쿠가와 가는 지금도 건재합니다만 에도 시대를 지배한 사람은 15명의 장군입니다. 초대 이에야스와 3대째 이에미쓰는 각각 닛코토쇼구와

川ファミリーは今でも健在ですが、江戸時代を支配したのは15人の将軍です。初代家康と3代家光はそれぞれ日光の東照宮と輪王寺大猷院、2代目秀忠を含む6名は港区芝の増上寺、5代目綱吉を含む6名が上野寛永寺に祭られました。仏教と神道が共存する日本ならではの寛容でおおらかな宗教観といえるでしょう。

現代でも我々は現世利益を求めて神様がいらっしゃる神社へ、来世利益はお寺で仏様に拝みます。人生の節目の儀式を巧みにより分けて神社や寺院を訪れます。キリスト教による結婚式もしています。外国人への説明では、「生まれたときは神道、結婚式はクリスチャン、そしてお葬式は仏式で」などと言っています。あまりにも不謹慎、不道徳と誤解を受けないように、補足しながら説明してみましょう。一人の神を信奉するのではなく、土着の宗教と、キリスト教や仏教のように国境を越えて世界的に広まった宗教を共存させて、多様な宗教文化を作り上げるのはアジア人の得意とするところです。いいとこ取りではなく、異文化を理解し、受け入れ、共生させ、より成熟したものにしてきたのです。日本の宗教観、自信をもって紹介したいものです。

閑話休題、寛永寺の境内へ入りましょう。川越

린노지 다이유인에, 2대째 히데타다를 포함해 6명은 미나토구 시바의 조조지에, 5대째 쓰나요시를 포함한 6명은 우에노 간에이지에 모셔졌습니다. 불교와 신도가 공존하는 일본만이 가지는 너그러운 종교관이라고 말할 수 있을 것입니다.

지금도 일본인은 현세 이익은 신이 계시는 신사에서, 내세 이익은 절에서 부처님에게 빕니다. 인생의 고비인 의식을 살 선별해서 신사나 사원을 찾아갑니다. 기독교식의 결혼식도 하고 있습니다. 외국인에게 설명할 때는 "태어났을 때는 신도, 결혼식은 기독교, 그리고 장례식은 불교식으로"라고 말하고 있습니다. 매우 성실하지 못하고 부도덕하다는 오해를 받지 않도록 보충 설명을 드리겠습니다. 하나의 신을 신봉하는 것이 아니고, 토착 종교와 기독교나 불교처럼 국경을 넘어서 세계적으로 널리 퍼진 종교를 공존시켜서 다양한 종교 문화를 만들어내는 것은 아시아인의 특징입니다. 여러 종교의 좋은 점만을 모아놓은 것이 아니고 다른 문화를 이해하고 받아들여 공생시킴으로써 좀 더 성숙한 문화를 만들어냈습니다. 그러한 일본의 종교관을 자신 있게 소개하고 싶습니다.

이제 간에이지에 들어가 봅시다. 가와고에에서 이축된 대웅전(본당) 뒷쪽에 인접한 학교 건물 사이에 문이 있습니다. 그 문을 빠져나가면 국립박물관의 뒷담과 JR선로 사이에 간에이지의 묘소가 있습니다. 찾아오는 사람은 적습니다만 예쁘게 손질이 구석구석까지 잘 되어 있는 조용한 묘원입니다.

여기에 6명의 장군을 모시는 보탑과 묘가 있습니다. 잠시 역사적 인물들이 마지막을 보내는 곳에 들러보는 것은 어떻습니까? 에도 시대 265년간 전쟁도 없고 현대와 같이 무역에 의지하지 않고 자급자족

寛永寺　寛永2年(1625)、天海が開山、天台宗。
간에이지　간에이2년(1625)에 덴카이가 처음으로 세움. 덴다이슈(불교 종파의 하나). 천태종.

から移築された本堂の裏側、隣接する学校の校舎との間に門があります。その門をくぐると、国立博物館の裏塀とJRの線路にはさまれるように広がる寛永寺の墓所があります。訪れる人は少ないのですが、落ち着いた、きれいに手入れが行き届いた霊園です。

ここに6人の将軍を祭る宝塔や廟があります。しばし歴史的人物達の終の棲家に身を置くのはいかがでしょうか。江戸時代265年間、戦いもなく、現代のように貿易に頼らず、自給自足社会を存続させた徳川将軍家の偉業にふさわしい立派な墓所ですが、残念ながら将軍たちが祭られている宝塔が並ぶところは高い石塀に囲まれていてよく見ることはできません。入り口の門の隙間から眺めると、高い杉の木に守られるように置かれた宝塔は日光東照宮にある家康が眠る宝塔とほぼ同じ大きさであることが分かります。自由に入れるのは上野のカラスだけです。

寛永寺 간에이지

사회를 존속시킨 도쿠가와 장군 가의 위업에 어울리는 훌륭한 묘지입니다. 그렇지만 유감스럽게도 장군들을 모시고 있는 보탑이 나란히 서 있는 곳은 높은 돌담에 둘러싸여 있어서 잘 볼 수는 없습니다. 입구의 문틈으로 들여다보면 높은 삼목 나무가 지키고 있는 듯한 보탑은 닛코토쇼구에 있는 이에야스가 안장되어 있는 보탑과 거의 같은 크기인 것을 알 수 있습니다. 자유롭게 들어갈 수 있는 것은 우에노의 까마귀뿐입니다.

イナムラショウゾウカフェ
・台東区上野桜木2-19-8
・03-3827-8584 ・10:00~19:00
・月曜・第3火曜休み
이나무라 쇼조 카페
・다이토구 우에노사쿠라기 2-19-8
・03-3827-8584 ・10:00~19:00
・월요일・셋째 주 화요일 휴일

谷中霊園

残る一人、ラストショーグン徳川慶喜のお墓が気になります。徳川家の菩提寺であった寛永寺の奥の一室で謹慎し、江戸城と徳川家の最後を見定めた後、水戸、静岡と居を移し、明治時代まで公爵として最後の日々を送った慶喜でした。彼は寛永寺から言問通りをへだてた北側にある緑あふれる東京の桜の名所のひとつ、谷中霊園の中に祀られました。

寛永寺の言問通り沿いの門から出て、道を横切り、真っすぐに桜並木につながる細い道を進んでください。すぐ左側に店先にベンチが出ている一軒家。「上野の山のモンブランケーキ」で有名なフランス菓子、パティシエ・イナムラショウゾウのお店です。平均15分の行列待ちでやっと店内へ。菓子工房がガラス扉の奥にあり、噂のお菓子が作られているところがよく見えます。テイクアウト専門ですが、すぐにでも食べたいと思ったら、店内サービスのおいしいゆず水をコップに取り、店の前のベンチで桜の並木を見ながら、絶品のケーキを堪能してください。

元気が出たところで、ラストショーグン慶喜のお墓を目指します。50メートルほど進んで、左側

야나카 묘원

남은 한 사람, 마지막 장군인 도쿠가와 요시노부의 무덤이 궁금하실 겁니다. 요시노부는 도쿠가와 가의 명복을 비는 절이었던 간에이지의 안쪽 방에서 근신하면서 에도 성과 도쿠가와 가의 마지막을 확인한 후 미토, 시즈오카로 거처를 옮겨 메이지 시대까지 공작으로서 마지막 나날을 보냈습니다. 요시노부는 간에이지와 고토토이도리 길을 사이에 두고 북쪽에 위치하는 도쿄의 벚꽃 명소 중 하나인 야나카 묘원에 모셔졌습니다.

고토토이도리 길의 모퉁이를 지나서 길을 건너 벚꽃 가로수로 이어지는 좁은 길을 똑바로 나아가십시오. 바로 왼쪽에 현관 앞에 벤치가 놓여 있는 외딴집이 있습니다. 여기는 '우에노 산의 몽블랑 케이크'로 유명한 프랑스 케이크 파티시에 이나무라 쇼조의 가게입니다. 평균 15분 기다려야 겨우 가게 안으로 들어갈 수 있습니다. 유리문 안쪽에 있는 과자 공방에서 바로 그 유명한 케이크가 만들어지는 과정을 잘 볼 수 있습니다. 가게 안에서는 먹을 수 없습니다만 그래도 먹고 싶다면 바깥에 있는 벤치에 앉아 벚꽃 가로수를 보면서 서비스로 주는 맛있는 냉유자차와 함께 맛이 일품인 케이크를 마음껏 즐기십시오.

徳川慶喜の墓 도쿠가와 요시노부의 무덤

기운도 차렸으니 마지막 장군인 요시노부의 무덤으로 향해봅시다. 50m

に白い道標「乙10号11側」と小さな石の案内があります。そこを左へ曲がり、さらに次の案内板に沿って右へ曲がると、目の前に三つ葉葵の御紋がついた門があります。やっと江戸時代の終焉の地にたどりついた感があります。中には入れませんが、低い塀と門の格子の間から2つの円墳が見えます。向かって右側が慶喜、左はその奥方のものです。周辺の込み合った霊園の中でそこだけ明るく開かれた空間です。お墓を見るとその歴史的人物が身近な生身の人間として迫ってくるものです。特に桜満開の頃訪れてみてください。

谷中のアートロード

谷中霊園から言問通りに戻り、右へ進むとほどなく右側に木造の旧吉田屋酒店、現在は下町風俗資料館付設展示場があります。建物は1910年に建てられ、1986年まで実際に商売を続けていました。商売道具などが展示してあります。

寛永寺の北から谷中の町並みが何本かの坂に沿って広がっています。60余りの寺院と坂の多い寺町です。寛永寺だけでなく、谷中の寺々も江戸城の守りを担っていました。明治から大正、昭

下町風俗資料館付設展示場
・台東区上野桜木2-10-6
・03-3823-4408 ・9:30~16:30
・月曜定休(祝日が月曜の場合は開館、翌日休み)
시타마치 풍속 자료관 부설 전시장
・다이토구 우에노사쿠라기 2-10-6
・03-3823-4408 ・9:30~16:30
・월요일 정기휴일(월요일이 공휴일인 경우는 개관하며 그다음 날이 휴일)

吉田屋 谷中6丁目で江戸時代から代々酒屋を営んできた。建物は出桁造りで、明治時代の商家の特徴がよく見られる。
요시다야 야나카 6초메에서 에도 시대부터 대대로 술집을 경영해왔다. 다시게타(지붕을 바깥 쪽으로 조금 더 낸 모양) 용법으로 만들어진 건물은 메이지 시대 상가의 특징을 잘 나타낸다.

정도 나아가면 왼쪽에 '을 10호 11측'이라고 써 있는 흰 길잡이와 작은 돌로 된 안내판이 있습니다. 거기에서 왼쪽으로 돌아서 다음 안내판을

谷中霊園に続く桜の名所 야나카 묘원에 이어진 벚꽃 명소

따라 오른쪽으로 돌면 눈앞에 '세 잎의 접시꽃 무늬 가문'이 새겨진 문이 보입니다. 겨우 에도 시대의 종언의 땅에 당도한 느낌입니다. 안으로 들어가지 못하지만 낮은 담과 문의 격자 사이로 2개의 원분이 보입니다. 마주 보고 오른쪽이 요시노부, 왼쪽이 그의 부인의 무덤입니다. 붐비는 묘원 안에서 이곳만이 밝게 열린 공간입니다. 무덤을 바라보면 그 역사적 인물이 살아 있는 사람으로서 다가오는 것 같습니다. 벚꽃이 만발한 시기에 찾아가 보십시오.

야나카의 아트 로드

야나카 묘원에서 고토토이도리 길로 되돌아와서 오른쪽으로 가면 얼마 안 가서 오른쪽에 목조로 된 구요시다야 주류 판매점인 시타마치 풍속 자료관 부설 전시장이 있습니다. 이 건물은 1910년에 세워져서 1986년까지 실제로 장사를 계속하고 있었습니다. 그때의 장사 도구 등이 전시되어 있습니다.

和、平成と多くの古い建物が高層ビルに建て替えられてゆく中で、幸いにも寺町はその姿をあまり変えることなく今まで存続してきました。芸術家が自然に集まり、銭湯を利用したアートギャラリーや古い家屋を改造したアトリエなどが点在する芸術の町になりました。

下町風俗資料館を過ぎて、ひとつ目の信号にある一乗寺角を曲がり、そのまま進むと白い塀に囲まれたお寺ばかりの路地になります。左に大きなヒマラヤ杉が見えます。そこに向かってゆくとアメリカ人画家アラン·ウエスト氏のアトリエ兼画廊が左にあります。一歩踏み込むと正面にまるで小劇場の舞台のように制作場が設けてあり、そこに座るアラン氏が江戸時代の絵師さながらにお出迎えをしてくれます。展示された作品の鑑賞だけでなく、制作工程や画材の説明もきっと快くしてくれるはずです。大小の和筆で描かれた屏風絵や掛け軸は金箔や銀箔が施され、光のあたり具合で美しさが引き立つ色彩豊かな作品です。また、このアトリエで年に2回ほど「絵処能」と題して能楽公演も開かれています。屏風絵と能楽の融合はアラン氏の存在があって生まれた稀有な芸術空間です。

ジム·ハサウェイ 짐 해서웨이

次に少し戻って先ほどの細い道を進み、長久院の前の路地を入ると谷中の墨絵画家ジム·ハサウェ

야나카는 간에이지의 북쪽으로부터 몇 개의 고갯길을 끼고 펼쳐져 있습니다. 60여 개의 절과 고갯길이 많은 마을입니다. 간에이지만이 아니고 야나카의 절들도 에도 성을 지키고 있었습니다. 메이지부터 다이쇼, 쇼와, 헤이세이까지 많은 고건물이 고층 빌딩으로 개축되어 가는 가운데 다행스럽게도 이 마을은 그다지 변하지 않고 그 모습을 지금까지 지켜왔습니다.

예술가들이 자연스럽게 모여 대중 목욕탕을 개축해서 만든 아트 갤러리나 오래된 가옥을 개조한 아틀리에 등이 점재하는 예술의 마을이 되었습니다.

시타마치 풍속 자료관을 지나서 첫 번째 신호에 있는 이치조지 절의 모퉁이를 돌아 그대로 나아가면 흰 담으로 둘러싸인 절이 많은 골목이 있습니다. 왼쪽에는 큰 히말라야 삼목이 보입니다. 그곳을 향해 가다 보면 왼쪽에 미국인 화가 알란 웨스트(Allan West)의 아틀리에 겸 화랑이 있습니다. 한 걸음 발을 디디면 정면에 마치 소극장의 무대처럼 제작장이 설치되어 있고 거기에 앉아 있는 알란 웨스트가 에도 시대의 화가처럼 마중해줍니다. 전시되어 있는 작품을 감상할 수 있을 뿐만 아니라 제작 공정이나 화구의 설명도 들을 수 있어 아마 기분이 좋아질 것입니다. 크고 작은 붓으로 그려진 병풍 그림과 족자에는 금박이나 은박이 입혀져 있어서 빛이 드는 정도에 따라 아름다움이 돋보이고 색채를 다양하게 즐길 수 있습니다. 또 이 아틀리에에서는 1년에 두 번쯤 에도 코로노라는 제목으로 노가쿠 공연을 진행합니다. 병풍 그림과 노가쿠의 융합은 알란 웨스트 덕분에 탄생한 특이한 예술 공간입니다.

다음으로, 좀 되돌아가서 아까 봤던 좁은 길로 들어간 다음 조큐인 앞에 있는 골목에 들어가면 야나카의 수묵화 화가인 짐 해서웨이(Jim

イ氏のアトリエ時夢草庵です。細い路地をこよなく愛するジムさんのアトリエの入り口には墨絵で描かれた看板。ひょっとしたら墨絵の作品を見せてもらえるかもしれません。

朝倉彫塑館

さらに北へ進むと少し広めの通りに出ます。台東初音幼稚園に突き当たったらそこを右へ折れます。ひとつ目の角から、また細い道を左に進んでください。一方通行の道は向かってくる車に注意して歩きます。5分ほど歩いた右手に、特徴ある塀で囲まれた朝倉彫塑館があります。

東洋のロダンと称せられた近代彫刻家、朝倉文夫のアトリエ兼住居は、8年の歳月をかけて1935年に完成した鉄筋コンクリートと日本建築が繋がっている建物です。5年にわたる耐震補強改装工事が2013年秋に完了し、以前と全く変わらない外観、内部意匠が復活しました。入口で靴を脱ぎ、まずは3階まで吹き抜けのアトリエ棟で代表作である「墓守」などを鑑賞し、廊下で繋がっている住居部分の各部屋のデザインや調度品を観賞します。

また庭の方に目を向けると、驚くことに中庭一

朝倉彫塑館
・台東区谷中7-18-10
・03-3821-4549
아사쿠라 조소관
・다이토구 야나카 7-18-10
・03-3821-4549

Hathaway)가 그린 아틀리에 수묵 간판이 있습니다. 어쩌면 수묵화 작품을 볼 수 있을지도 모릅니다.

아사쿠라 조소관

북쪽으로 더 가면 조금 넓은 길이 나옵니다. 다이토구 하쓰네 유치원까지 가서 오른쪽으로 돕니다. 첫 번째 모퉁이에 있는 좁은 길을 왼쪽으로 가십시오. 일방통행 길에서는 달려오는 자동차에 주의하면서 걸어갑시다. 5분 정도 걸으면 오른쪽에 특징 있는 담으로 둘러싸인 아사쿠라 조소관이 있습니다.

동양의 오귀스트 로댕(Auguste Rodin)이라고 칭찬을 받은 근대 조각가, 아사쿠라 후미오의 아틀리에 겸 자택은 8년간의 세월에 걸쳐서 1935년에 완성된 철근 콘크리트와 일본 건축이 결합한 건물입니다. 5년에 걸친 내진 보강 개장 공사가 2013년 가을에 완료되어 예전과 전혀 변함없는 외관, 내부 의장이 부활되었습니다.

입구에서 구두를 벗고, 먼저 3층까지 계단 구조로 되어 있는 아틀리에에서 아사쿠라의 대표작인 '하카모리(묘지기)' 등을 감상한 다음에, 복도로 연결되어 있는 자택에 가서 방들의 디자인과 방 안의 가구들을 감상합니다.

그리고 마당 쪽으로 눈을 돌리면, 놀랍게도 안마당 전체가 우물물을 이용한 연못으로 되어 있습니다. 그 연못에 배치된 크고 작은 5개의 바위에 주목하십시오. 각각이 인, 의, 예, 지, 신이라는 유교의 가르침을 나타낸다고 합니다. 자신의 정신 본연의 자세를 반성하거나 돌이키

面が井戸水を利用した池になっています。その池に配置された大小の5つの岩に注目です。それぞれ仁、義、礼、智、信の儒教の教えを表しているとのこと。自己の精神のあり方を反省、見直すための意匠だそうです。池を取り囲むように茶室や居間が建てられています。本来ならそれぞれの部屋の座敷に座って水のお庭をゆっくり眺め、静謐な時間を満喫したいところです。

ここで外国人を日本建築にお連れする際に覚えておきたいことをひとつ。身長の高い外国人や若者が日本建築を訪れると鴨居に頭をぶつけたり、天井が低く圧迫感を感じます。そのため本来の日本間の美しさに気がつかないかも知れません。日本建築は座敷に座ったときの目線を意識してすべてがデザインされているのです。庭を眺めるときももちろん座敷に座るようにします。そうして障子を開けると、鴨居と敷居、両側の障子で区切られた庭の景色はまさに一幅の絵となります。

最後にアトリエ棟の屋上庭園を訪ねてみてください。朝倉氏の園芸への造詣の深さが感じられる植栽が見られます。屋上をかざる彫刻にもご注目ください。ひとつは若々しい砲丸投げの選手の像、そして、もうひとつは、ラングドン・ウォーナー博士の胸像です。アメリカ人の東洋美術史家

기 위한 디자인이라고 합니다. 연못을 둘러싸는 듯 다실과 거실이 지어져 있습니다. 사정이 허락하면 각각의 거실에 앉아서 물의 정원을 느긋하게 바라보며 평온한 시간을 만끽하는 것도 좋을 듯 싶습니다.

외국인을 일본 건축물에 안내할 때 기억해두면 좋은 것을 하나 알려드리겠습니다. 키가 큰 외국인이나 젊은이가 일본 건축물을 방문하면 '가모이(상인방)'에 머리를 부딪치거나 천장이 낮아서 압박감을 느낍니다. 그 때문에 니혼마(일본의 전통적인 다다미방)가 본래 갖춘 아름다움을 발견하지 못하고 그냥 지나쳐버릴 수도 있습니다. 일본 건축물은 다다미 위에 앉았을 때의 시선을 의식해서 디자인되어 있는 것입니다. 정원을 바라볼 때도 물론 다다미 위에 앉도록 합니다. 그리고 상인방과 문턱 사이에 설치되어 있는 '쇼지(미닫이문)'를 열고 바깥을 보면 정원의 경치는 바로 한 폭의 그림이 됩니다.

마지막으로 아틀리에동에 있는 옥상 정원을 찾아가 보십시오. 원

朝倉彫塑館 아사쿠라 조소관

です。諸説ありますが、第2次世界大戦のとき、京都など爆撃すべきでない都市のリストを作成しアメリカ政府へ進言したとされています。感謝の意を込めて終戦直後、博士の胸像や碑が京都や鎌倉でも建てられました。博士の視線の先には東京スカイツリーが遠望できます。日本の伝統美を救ったとされる博士の目にはどのように映っているのでしょう。

谷中銀座

アートに触れる散策もそろそろお腹がすいてくる時間となりました。朝倉彫塑館を出て、先ほどの道をそのまま進み、突き当たって左へ曲がると目の前に広い階段です。ここから夕焼けが階段の先の空に見えるので「夕焼けだんだん」と呼ばれています。階段を下りてゆくと一気に夕食の買い物でにぎわう商店街、谷中銀座です。揚げたてのさつま揚げ、できたてのお団子、お惣菜、おせんべいとすべて買って帰りたくなるものばかり。誘惑と戦いながら、沈む夕陽に照らされて谷中の小旅行を終わりにしましょう。

谷中銀座 야나카 긴자

時間に余裕があれば、谷中銀座から不忍通りに

예에도 조예가 깊었다고 하는 아사쿠라가 가꾼 정원 식물을 볼 수 있습니다. 옥상을 장식하는 조각들에도 주목해보십시오.

하나는 젊은 투포환 선수의 조각상, 그리고 또 하나는 랭던 워너 박사(Dr.Langdon Warner)의 흉상입니다. 그는 미국인 동양 미술사가입니다. 여러 의견이 있습니다만, 제2차 세계대전 때 교토 등 폭격해서는 안 되는 도시 목록을 작성해서 미국 정부에 진언했다고 합니다. 감사의 뜻을 담아서 태평양 전쟁이 끝난 직후에 박사의 흉상과 비석들이 교토와 가마쿠라에도 세워졌습니다. 박사의 시선 끝에는 멀리 도쿄 스카이트리가 보입니다. 일본의 전통미를 구했다고 전해지는 박사의 눈에는 이 풍경이 어떻게 비치고 있을까요?

야나카 긴자

예술과 함께하는 산책도 이제 슬슬 배가 고파질 시간이 되었습니다. 아사쿠라 조소관을 나와서 걸어온 길을 그대로 직진하다가 막다른 곳에서 왼쪽으로 돌면 눈앞에 넓은 계단이 보입니다. 그 계단 앞 하늘에는 노을이 보일 것입니다. 유야케 단단(노을의 계단)이라고 불립니다.

계단을 내려가면 저녁 반찬을 사느라고 북적거리는 상가, 야나카 긴자가 눈앞에 쫙 펼쳐집니다. 갓 튀긴 사쓰마아게(으깬 어육에 맛을 내서 기름으로 튀긴 식품. 썬 야채를 넣기도 함), 갓 만들어낸 경단, 반찬, 센베이 등 모두 사 가고 싶은 것들입니다. 유혹과 싸우면서 석양을 맞으며 야나카 긴자의 짧은 여행을 끝내기로 합시다.

시간 여유가 있으면, 야나카 긴자에서 시노바즈도리 길로 나가보

いせ辰
・台東区谷中2-18-9
・03-3823-1453 ・10:00~18:00
・元旦のみ休み
이세타쓰
・다이토구 야나카 2-18-9
・03-3823-1453 ・10:00~18:00
・설날 휴무

笑吉工房
・台東区谷中3-2-6 ・03-3821-1837
・10:00~18:00 ・月・火曜定休、祝日開館
쇼키치 공방
・다이토구 야나카 3-2-6
・03-3821-1837 ・10:00~18:00
・월・화요일 정기휴일, 공휴일 개관

出てください。千代田線千駄木駅を目指して進み団子坂交差点を左に折れて坂を少し上がったところ、右側に和紙のいせ辰谷中店、手前左側のそば屋の隣には指人形店笑吉工房があります。ご主人手作りの穏やかに微笑む人形が、今日の散策の疲れた足腰と心を癒してくれます。3人以上なら30分の人形パフォーマンスがいつでも楽しめます(大人一人500円)。大笑い、苦笑いの絶妙人形劇です。写真を持参すれば5か月ほどかかりますが、似顔絵指人形も作ってくれます。驚きのプレゼントになるかも。笑顔の人形に笑顔で応え、帰路につきましょう。

십시오. 지요다선 센다기역을 향해서 가다가, 단고자카 교차점을 왼쪽으로 돌아서 비탈길을 조금 올라간 곳의 오른쪽에 와시(일본 종이) 가게 이세타쓰 야나카 본점이 있고, 바로 앞 왼쪽의 메밀국수집

夕焼けだんだん 유야케 단단

옆에는 손가락 인형 가게인 쇼키치 공방이 있습니다. 주인이 손수 만든 온화하게 미소를 짓는 인형들이 이 날의 산책으로 피곤한 다리와 허리, 마음을 달래줍니다. 3명 이상으로 예약하면 30분 동안의 인형극을 언제든지 즐길 수 있습니다(어른 1명 500엔). 큰 소리로 웃기도 하고 쓴웃음을 짓게도 하는 절묘한 인형극입니다. 사진을 가지고 가면 5개월 정도 걸리지만, 초상화의 손가락 인형도 만들어줍니다. 놀랄 만한 선물이 될지도 모르겠습니다. 미소를 짓는 인형들에게 미소로 대답하고, 귀로에 오릅시다.

5 気品あふれる銀座から

기품이 넘치는 긴자에서

有楽町 · 池袋方面
유락초 · 이케부쿠로 방면

有楽町駅
유락초역

六本木 · 中目黒方面
롯폰기 · 나카메구로 방면

山手線
야마노테선

有楽町マリオン
유락초 마리온

四谷 · 新宿方面
요쓰야 · 신주쿠 방면

GINZA 5
긴자 파이브

誠友堂
세이유도

百人一麺
하쿠닌잇슈

銀座駅
긴자역

丸の内線
마루노우치선

晴海通り
하루미도리 길

新橋方面
신바시 방면

資生堂パーラー
시세이도 팔러

中央通り
주오도리 길

銀座線
긴자선

新橋 · 渋谷方面
신바시 · 시부야 방면

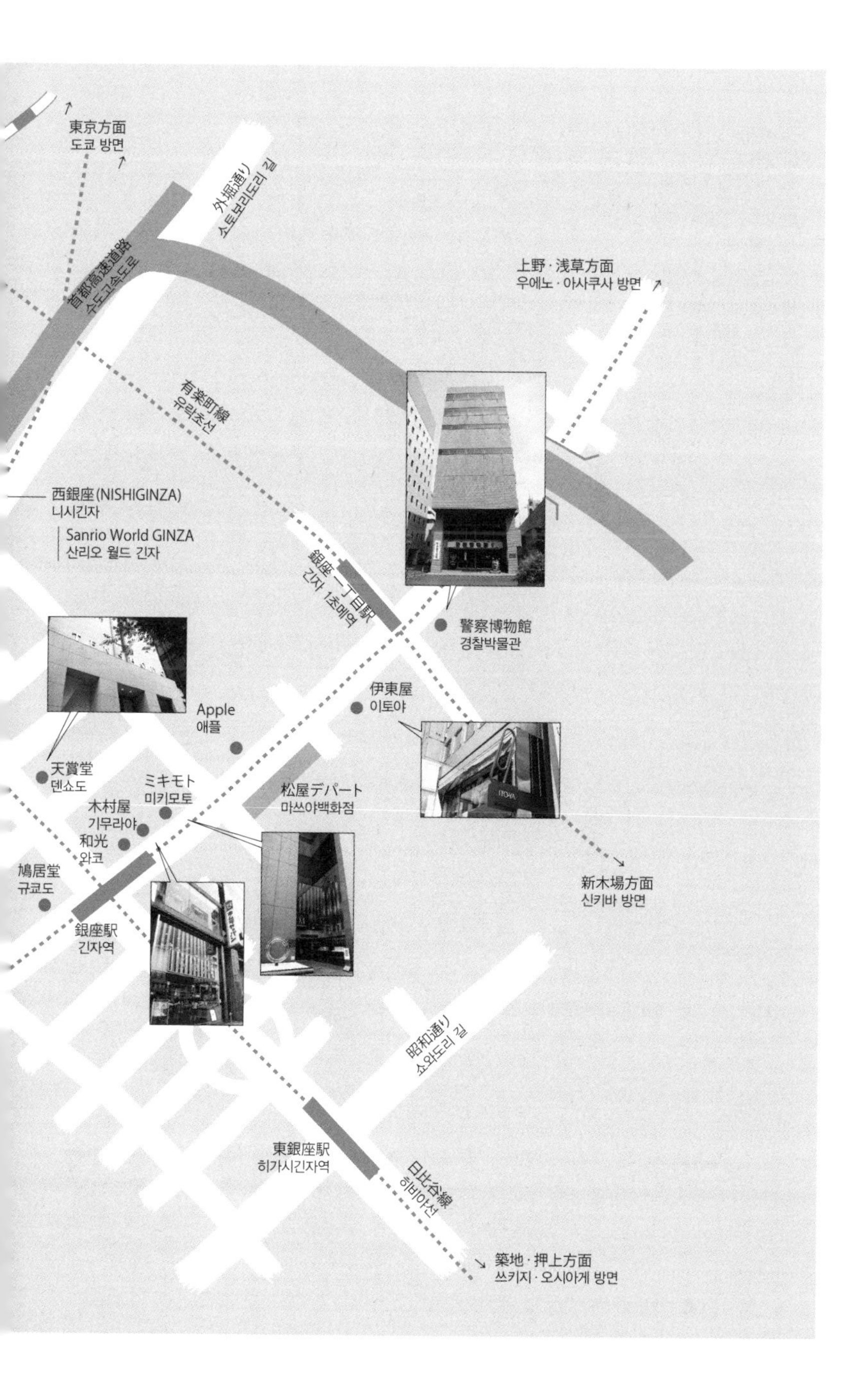

東京方面
도쿄 방면
外堀通り
소토보리도리 길
首都高速道路
수도고속도로
上野 · 浅草方面
우에노 · 아사쿠사 방면
有楽町線
유락초선
西銀座(NISHIGINZA)
니시긴자
Sanrio World GINZA
산리오 월드 긴자
銀座一丁目駅
긴자 1초메역
警察博物館
경찰박물관
伊東屋
이토야
Apple
애플
天賞堂
덴쇼도
ミキモト
미키모토
松屋デパート
마쓰야백화점
木村屋
기무라야
和光
와코
鳩居堂
규쿄도
銀座駅
긴자역
新木場方面
신키바 방면
昭和通り
쇼와도리 길
東銀座駅
히가시긴자역
日比谷線
히비야선
築地 · 押上方面
쓰키지 · 오시아게 방면

銀貨鋳造所 初め江戸幕府は、大阪、長崎など4カ所に設置したが、不正事件が起きたため、江戸1カ所に置いた。1869年に造幣局が設置されるまで、銀貨の鋳造、発行を行った。

은화 주조소 처음 에도 막부는 오사카, 나가사키 등 네 군데에 설치했는데 부정 사건이 일어났기 때문에 에도 한 군데로 집약했다. 1869년에 조폐국이 설치될 때까지 은화를 주조·발행했다.

銀座

銀座は、かつて徳川幕府の銀貨鋳造所が置かれ、銀の座があったことがその名の由来です。明治時代になって、1872年に起こった大火で、銀座一帯の建物は消失しました。その跡地が整備され、西洋風の大通りが誕生したのです。日本で初めて、歩道が設けられ、ガス灯が灯り、柳が風にそよぎ、レンガ造りの店が立ち並ぶ西洋風の街並みの登場です。一直線に伸びる800メートルにおよぶ通りには目障りな電線や突き出した看板がなく、歩道の幅の広さが伸びやかさを醸し出します。

高速道路がまたがる銀座1丁目の角には警察博物館。もし追いかけられたら身も心も縮む思いの白バイが見えますがその白バイにまたがっての記念写真はいかがでしょうか。そして、ここから銀座通りのガイドが始まります。

銀座の街の創設にあたっては、3つのコンセプトがあったそうです。西欧文化のよさを味わいつつ、最先端をいく商品の買い物のできる街に、訪日する外国人に対して立派な商店街で日本の近代化をアピールできる街に、そして火災が再び起こっても、レンガ造りの建物が防火壁の役割を担う防災の街に、というものです。130年余りの時が

긴자

긴자라는 지명은 예전에 도쿠가와 막부의 은화 주조소가 설치되어 은화의 좌(화폐 등을 제조하던 자리)가 있었던 것에서 유래합니다. 메이지 시대 들어 1872년(메이지5년)에 일어난 큰 화재로 긴자 일대의 건물들은 소실되었습니다. 그 철거지가 정비되어 서양풍의 큰길이 탄생한 것입니다. 일본에서 처음으로 보도가 정비되어 가스등에 불이 켜지고 수양버들이 바람에 살랑거리고 벽돌로 지은 가게가 줄지어 선 서양풍 거리가 등장한 것입니다. 일직선으로 뻗은 800m에 달하는 길에는 눈에 거슬리는 전선이나 돌출된 간판이 없고 보도의 폭이 넓어서 편안하고 평온한 분위기를 자아냅니다.

고속도로가 걸쳐진 긴자 1초메 사거리에는 경찰박물관이 있습니다. 만약 추적을 당하게 되면 몸도 마음도 움츠러들 것 같은 시로바이(경찰 오토바이)가 눈에 띄는데, 그 시로바이에 올라타서 기념 사진을 찍는 것은 어떻습니까? 그리고 이제 여기서부터 긴자도리 길을 안내하겠습니다.

警察博物館 경찰박물관

긴자 거리를 창설하는 데는 세 가지 콘셉트가 있었다고 합니다. 서구 문화의 좋은 점을 음미하면서 최신 상품을 쇼핑할 수 있는 거리, 일본을 찾아오는 외국인에게 훌륭한 상점가로서 일본의 근대화를 어필할 수 있는 거리, 그리고 다시 화재가 일어나도 벽돌로 지은 건물이 방화벽 역할을 하는 방재 거리라는 콘셉트입니다. 130년 남짓한 시간이 흘렀는데 이 콘셉트는 지금도 살아 있는

伊東屋
・中央区銀座2-7-15
・03-3561-8311
・10:00~20:00(月~土曜)
・10:00~19:00(日曜・祝日)
이토야
・주오구 긴자 2-7-15
・03-3561-8311
・10:00~20:00(월~토요일)
・10:00~19:00(일요일・공휴일)

流れましたが、このコンセプトは今も生きているようです。

現在、電線や電話線など目障りなものはすべて地下の共同溝に埋設されました。地上には広々とした、見るからに清潔で歩きやすい歩道が両側に伸びています。美しい敷石に注目です。微妙に違う色や模様を見るとそれが天然の御影石だと気づきます。以前この中央通りを走っていた都電の線路を支えていた敷石がリサイクルされたものです。そして、そのレール自体も銀座の美しさを可能にした地下の共同溝の外枠を支える杭として再利用されています。

さて銀座1丁目から8丁目まで新橋に向かって歩き始めましょう。Itoyaという看板が目に入ります。いつでも買い物客で満員なのが文房具の銀座・伊東屋です。そこで販売している製品中特にさまざまな和紙製品がおすすめです。海外へのお土産にはぴったりの和雑貨も豊富にそろっています。4丁目手前、松屋デパートの前に大きな店を構えたアップルストア銀座が目を引きます。人気のマック製品が豊富にそろっています。訪日外国人が家族や友人のために大量に購入する姿が見られます。

美術館のような落ち着いた店構えを見せるのは

것 같습니다.

지금은 전선이나 전화선 등 눈에 거슬리는 것들은 모두 지하 공동구(전선, 수도관, 가스관 등을 함께 수용하는 지하 터널)에 매설되어 있습니다. 지상에는 널찍하고, 보기에도 깨끗하고 걷기 편한 인도가 거리 양쪽에 뻗어 있습니다. 아름다운 보도 블록에 주목해봅시다. 한 장 한 장 미묘하게 색조가 다르고, 모양을 보면 천연 화강암으로 되어 있다는 것을 알 수 있습니다. 예전에 이 주오도리 길을 달리던 노면 전차의 선로 밑에 깔려 있던 포석들이 재활용된 것입니다. 그리고 그 선로 자체도 긴자의 아름다운 경관을 만드는 데 일등공신이 된 지하 공동구의 바깥 부분을 지탱하는 말뚝으로 재활용되어 있습니다.

그럼 긴자 1초메에서 8초메까지 신바시를 향해 걸어봅시다. Itoya라는 간판이 눈에 들어옵니다. 언제나 손님으로 가득 차 있는 장소인 그곳은 문구점 이토야입니다. 그곳에서 판매하는 제품 가운데 특히 다양한 종류의 일본 전통 종이 와시를 추천하고 싶습니다. 외국인에게 선물하기에도, 일본 여행 기념품으로도 딱 좋은 일본풍 잡화도 풍부하

伊東屋 이토야

ミキモト 미키모토

木村屋 기무라야

松屋デパート
・中央区銀座3-6-1 ・03-3567-1211
・10:00~20:00
마쓰야백화점
・주오구 긴자 3-6-1 ・03-3567-1211
・10:00~20:00

Apple
・中央区銀座3-5-12
・03-5159-8200 ・10:00~21:00
・無休
애플
・주오구 긴자 3-5-12
・03-5159-8200 ・10:00~21:00
・무휴

ミキモト
・中央区銀座4-5-5 ・03-3535-4611
・11:00~19:00 ・水曜定休
・現在改築工事中、2017年春完成予定
미키모토
・주오구 긴자 4-5-5 ・03-3535-4611
・11:00~19:00 ・수요일 정기휴일
・현재 개축 공사 중이며, 2017년 봄 완성 예정

木村屋
・中央区銀座4-5-7 ・03-3561-0091
・10:00~21:00 ・無休
기무라야
・주오구 긴자 4-5-7 ・03-3561-0091
・10:00~21:00 ・무휴

和光
・中央区銀座4-5-11
・03-3562-2111 ・10:30~18:00
・日曜・祝日休み
와코
・주오구 긴자 4-5-11
・03-3562-2111 ・10:30~18:00
・일요일・공휴일 쉼

ミキモト。養殖した真珠のたった5%弱のみを製品にするというこだわりで世界に知られる日本ブランド、ミキモトです。世界中の女性の首元を真珠で飾りたいという願いから真珠養殖に成功した御木本幸吉の偉業は銀座の一等地に結実しています。ミキモトとミッキーマウス、外国人には似通った発音に聞こえることがあります。世界中の子供たち、そして女性を魅了したのは偶然にも両方ともミッキーなのですね。

その隣には外国人はちょっと苦手なあんことパンを組み合わせた絶妙の和洋折衷ヒット商品、銀座のお土産の定番、酒種酵母を使ったあんぱんで知られる木村屋。創業者は、明治維新で仕事にあぶれた木村安兵衛といういわゆる「リストラ武士」でした。安兵衛は、苦心の末に酒種で生地を発酵させたあんぱんを完成させました。その後、明治天皇に気に入られ、宮内庁御用達となったことがきっかけで大人気となったのです。

ここを過ぎると日本のタイムズスクエアといわれる銀座4丁目交差点です。この交差点の一角を飾るのが、1932年に服部時計店の本社ビルとして完成し、戦火も免れて今も銀座のシンボルとしてネオ・ルネッサンス様式の外観を誇る高級専門店和光です。和光のウインドーディスプレーは1952年か

게 갖추어져 있습니다. 긴자 4초메를 앞에 두고 마쓰야백화점 건너편에 큰 점포를 차린 애플스토어 긴자가 눈길을 끕니다. 애플 사의 인기 제품들이 모두 전시되어 있습니다. 일본을 찾아온 외국인들이 가족이나 친구를 위해서 대량 구매하는 모습을 볼 수 있습니다.

마치 미술관처럼 차분한 모습으로 보이는 것은 진주 전문 보석점 미키모토입니다. 미키모토는 양식 진주 중 상위 5%만 제품화한다는 엄격한 품질 기준으로도 세계에서 유명한 일본 명품 브랜드입니다. 전 세계 여성들의 목을 진주로 장식하고 싶다는 일념 아래 세계 최초로 진주 양식에 성공한 미키모토 고키치의 위업은 긴자의 최고 번화가에서 결실을 맺었습니다. 가끔 영어권 사람들이 '미키모토'와 '미키마우스'의 발음이 비슷하게 들린다고 하는데, 온 세계의 아이들 그리고 여성들의 마음을 사로잡은 것은 우연히도 둘 다 '미키'였던 것입니다.

미키모토 옆에는 술누룩을 사용한 팥빵으로 유명한 기무라야가 있습니다. 기무라야의 팥빵은 일본의 팥앙금(외국에서 온 손님 중에는 싫어하는 분도 있습니다만)과 서양 음식인 빵을 절묘하게 조합한 히트 상품으로 긴자하면 떠오르는 선물입니다. 창업자 기무라 야스베에는 메이지 유신으로 무사 신분을 잃게 된, 이른바 정리해고를 당한 무사였습니다. 야스베에는 고심 끝에 술누룩으로 반죽을 발효시킨 팥빵을 완성했습니다. 그 후 메이지 천황의 마음에 들어 '구나이초 고요타시(황실에 물건을 납품하는 상인)'가 된 것을 계기로 큰 인기를 얻게 되었습니다.

이곳을 지나면 일본의 타임스 스퀘어라고 불리는 긴자 4초메 교차로로 나가게 됩니다. 긴자 4초메 사거리의 한 부분을 장식하는 것은 고급 장식품점 와코입니다. 이 건물은 1932년 핫토리 시계점(와코의 전신) 본사로 세워졌는데 전쟁으로 인한 피해에도 끄떡없이 지금도 긴자의

神戸牛　兵庫県で飼育された但馬牛で、指定された規格を満たした牛だけをいう。日本三大和牛のひとつ。
고베규　효고 현에서 사육·생산된 쇠고기인 다지마우시 중 일정 기준을 충족한 쇠고기에만 표시할 수 있는 브랜드. 일본 3대 와규 브랜드 중 하나.

ら始まりました。幅8メートル、奥行1.5メートル、高さ4メートルの空間には、毎回さまざまな人物や動物など、空想と夢の世界が出現します。銀座を訪れる人々をおもてなしすることをコンセプトに、和光のデザイン･広報部内のデザインチームが担当、企画をしています。ぜひじっくりとご鑑賞ください。そして見上げればもうひとつの銀座のシンボル、時計塔が銀座の町並みを見守り、鐘の音とともに時間を知らせています。

そろそろ朝10時、中央通りのもうひとつの顔、デパートの開店のお時間です。開店時間に間に合うように出かけてみましょう。店長そしてすべての店員の45度の丁寧礼での挨拶を受けながら入店してゆくのはなかなかよい気分です。日本ならではのおもてなしの精神、ここにありです。なんといってもお客様は神様です。

デパートで絶対はずせないのは地下の食品売り場です。お目当ては神戸牛。美しい霜降りとやわらかさで100グラム3000円の和牛です。ちなみに外国人にも「Kobe Beef」はあまりにも有名です。珍しい飼育法とやわらかさで世界中のグルメをうならせる和牛肉全般を表す総称になっています。松坂牛、近江牛、米沢牛など日本各地で生産されている和牛ですから、それぞれの産地の名前がつか

상징으로 네오르네상스 양식의 외관을 자랑하고 있습니다. 와코의 쇼윈도 디스플레이는 1952년부터 시작되었습니다. 폭 8m, 내부 길이 1.5m, 높이 4m의 공간에는 다양한 인물이나 동물 등 환상과 꿈의 세계가 매번 펼쳐집니다.

긴자를 찾아오는 사람들을 대접하겠다는 콘셉트로 와코의 디자인·홍보부 내의 디자인 팀이 기획을 맡고 있습니다. 꼭 한 번 걸음을 멈추고 구경해보십시오. 그리고 거기서 건물을 올려다보면, 긴자의 또 하나의 상징인 시계탑이 거리를 지켜보면서 종소리와 함께 시각을 알려주는 모습을 볼 수 있습니다.

조금 있으면 아침 10시, 주오도리 길의 또 다른 얼굴인 백화점들이 문을 여는 시각입니다. 개점 시간에 맞춰 찾아가 봅시다. 점장과 모든 점원들에게서 정중한 45도 인사를 받으면서 입점하는 것은 꽤 기분 좋은 일입니다. 일본의 오모테나시(손님을 진심 어린 마음으로 대접한다는 뜻의 말) 정신이 여기에 담겨 있습니다. 뭐니 뭐니 해도 손님은 왕입니다.

백화점에서 절대로 빠질 수 없는 것은 지하 식품 매장입니다. 여기서 구하고 싶은 것은 고베규(고베 쇠고기)입니다. 아름다운 마블링과 부드러운 육질을 가진 100g당 3000엔짜리 와규(일본 재래종 소를 개량시킨 소)입니다. 영어로 'Kobe Beef(고베 비프)'라고 하며 외국인에게도 너무나 유명합니다. 고베 비프는 독특한 사육법과 부드러운 육질로 전 세계 미식가들을 감동시킨 와규를 대표하는 고유명사입니다. 와규는 마쓰사카우시(미에 현 마쓰사카 산 와규), 오미우시(시가 현 오미 산 와규), 요네자와규(야마가타 현 요네자와 산 와규) 등 일본 각지에서 생산됩니다. 그래서 각 브랜드 이름으로 알려져야 정상인데 외국인에게 일본산 쇠고기는 모두 다 고베 비프인 것 같습니다.

鳩居堂
·中央区銀座5-7-4 ·03-3571-4429
·10:00~19:00(平日·土曜)
·11:00~19:00(日曜·祝日)
·歴史は古く熊谷直実(鎌倉初期の武士)まで遡る。江戸時代に入り、京都で薬商を初め、その後中国から筆墨を輸入し文具を扱いはじめ、現在に至る。

규쿄도
·주오구 긴자 5-7-4 ·03-3571-4429
·10:00~19:00(평일·토요일)
·11:00~19:00(일요일·공휴일)
·에도 시대(1603~1867) 교토에서 약방을 창업했다. 훗날 중국에서 필묵을 수입, 문구를 취급하기 시작해 현재까지 이른다. 창업자는 가마쿠라 시대(1185~1333) 초기의 무사 구마가이 나오자네의 후손이다.

なければおかしいのですが、外国人にとってはどのお肉も「Kobe Beef」です。つまり和牛肉の英語訳は「Kobe Beef」なのです。明治時代においしい但馬牛などの噂が海外にも流れ、神戸港から世界各地へ日本産牛肉が輸出されました。神戸から来たお肉ですから、「Kobe Beef」となったわけです。

そのおいしさの秘密が特別な飼育法にあるのはよく知られています。牛は食欲増進のためにビールを振る舞われ、ご機嫌になり、クラシック音楽の流れる牛舎でマッサージまで受けています。値段にビール代やマッサージ代が入っているのは当然。ところで和牛はひとこと英語をしゃべるのをご存知でしょうか? もっとビール! もっとマッサージ! つまり、「more, more」とおねだりをするのだそうです。

日本で一番高い価格の土地が存在するのも決まって銀座です。数年前までは4丁目交差点の交番がある角から2軒目の濃いあずき色の建物、書画用品·香の老舗専門店鳩居堂の前の土地価格が日本最高でした。一歩、進むごとに2~300万円です。土地価格は税金に反映されるので、銀座の地主は、莫大な税金を払わなくてはなりません。想像を超えた金額です。商品価格が幾分高額なのも納得です。1杯800円のコーヒーを高いと思うか否か? 単

그래서 영어로는 와규가 '고베 비프'라고 번역됩니다. 메이지 시대, 해외에서도 다지마규(효고 현 다지마 산 와규) 등의 와규가 맛있다는 소문이 퍼져 일본산 쇠고기가 모두 고베 항을 통해 세계 각지로 수출되었습니다. 고베에서 온 쇠고기니까 '고베 비프'라고 불리게 된 것입니다.

그 맛의 비결이 특별한 사육법에 있다는 것은 널리 알려진 사실입니다. 소들의 식욕을 증진하기 위해 맥주를 먹여 기분을 좋게 만들고, 클래식 음악이 흐르는 외양간에서 마사지를 받게 하기도 합니다. 쇠고기 가격에 맥주나 마사지 값이 포함되는 것은 당연한 일이겠지요? 그런데 와규가 영어로 말하는 것이 무엇인지 아십니까? 소들이 맥주나 마사지를 더 원할 때 "more, more(모오, 모오. 일본어로 소의 울음소리를 나타내는 의성어)" 울면서 조른다고 합니다.

매년 발표되는 전국 땅값 중 최고치를 기록하는 곳도 어김없이 긴자입니다. 몇 년 전까지는 서예용품·향 전문점 규쿄도(긴자 4초메 파출소로부터 두 번째 짙은 갈색 건물) 정문 앞의 땅값이 전국 1위였습니다. 한 걸음 내디딜 때마다 200만~300만 엔이나 됩니다. 땅값은 바로 세금으로 반영되기 때문에 긴자의 토지 소유자들은 막대한 세금을 지출해야 합니다. 상상도 할 수 없는 금액입니다. 긴자에서 파는 물건 값이 조금 비싼 이유도 납득이 갑니다. 커피 한 잔 값이 800엔, 이것이 비싸다고 생각하십니까? 단순히 커피 한 잔 가격이 아니라 일본 최고 땅값에 따르는 부가 가치세를 포함한 가격이

天賞堂 덴쇼도

天賞堂
・中央区銀座4-3-9 ・03-3561-0021
・11:00~19:30 ・木曜定休
덴쇼도
・주오구 긴자 4-3-9 ・03-3561-0021
・11:00~19:30 ・목요일 정기휴일

西銀座(NISHIGINZA)
・中央区銀座4-1 ・03-3566-4111
・11:00~21:00(月~土曜)
・11:00~20:00(日曜・祝日)
니시긴자
・주오구 긴자 4-1 ・03-3566-4111
・11:00~21:00(월~토요일)
・11:00~20:00(일요일・공휴일)

Sanrio World GINZA
・西銀座(NISHIGINZA)1・2階
・03-3566-4040
산리오 월드 긴자
・니시긴자 1・2층
・03-3566-4040

GINZA 5
・中央区銀座5-1 ・03-3571-0487
・7:00~23:00(地下)
・10:00~20:00(1・2階)
긴자 파이브
・주오구 긴자 5-1 ・03-3571-0487
・7:00~23:00(지하)
・10:00~20:00(1・2층)

誠友堂
・GINZA 5 2階 ・03-3558-8001
・10:00~19:00
세이유도
・긴자 파이브 2층 ・03-3558-8001
・10:00~19:00

なる1杯のコーヒーへの対価ではなく、日本一高価な土地、銀座で飲むという付加価値つきのコーヒーの値段ですと説明しますが、外国人にはどうも腑に落ちないようすです。

交差点を皇居の方角へ晴海通りを進み、和光グルメ&ケーキショップを過ぎた先に最高級鉄道模型で世界にも知れ渡っている天賞堂のショーウインドーがひっそりとあります。階段を上ったフロアには所狭しと鉄道、自動車、飛行機などの模型がそろっています。ちなみに、一番人気は新幹線だそうです。

そのまま晴海通りを進み数寄屋橋交差点角の交番の後ろの西銀座(NISHIGINZA)の2階には今や世界ブランド・ハローキティグッズの日本随一・最大店があります。エスカレーターを上ると世界は一瞬にしてサンリオワールド、フロアーには数百、数千のキティちゃんが溢れ、女の子も淑女も幸せな歓声を上げます。

さて、紳士のあなたにはジャパニーズクール、サムライの刀をじっくりとご覧いただけるスポットをご紹介します。西洋の剣は突く、日本の刀は斬りおろすもの。そのために切先に向かって銀色に輝くそりが特徴の美術品、日本刀が生まれました。晴海通りを渡って反対側の高速道路の下の銀

라고 설명하지만 외국인들을 납득시키기에는 역부족인 것 같습니다.

긴자 4초메 교차로에서 하루미도리 길을 고쿄(황거) 방향으로 걸어갑시다. 와코 구르메&케이크 숍을 지나가면 최고급 철도 모형으로서 세계적으로 알려진 텐쇼도의 차분한 느낌의 쇼윈도가 보입니다. 건물의 정면에 있는 계단을 올라가면 각 층마다 철도, 자동차, 비행기 등의 모형들이 잔뜩 진열되어 있습니다. 가장 인기 있는 상품은 신칸센 모형이라고 합니다.

하루미도리 길을 계속 걸어가다 보면 스키야바시 교차로 파출소 뒤에 니시긴자 상점가가 보입니다. 그 2층에는 세계적인 브랜드 헬로키티 등을 판매하는 산리오 숍이 있습니다. 수많은 산리오 숍 가운데 일본 최대의 점포입니다. 에스컬레이터를 타고 올라가면 순식간에 산리오 월드 긴자로 들어가게 됩니다. 수백, 수천의 헬로키티가 매장을 가득 메운 모습을 보면 소녀들도 성인 여성들도 행복한 비명을 지르게 됩니다.

신사 분들께는 일본의 멋, 사무라이(무사)의 검을 자세하게 구경할 수 있는 장소를 소개하겠습니다. 서양의 검은 찌르고, 일본의 검은 내리칩니다. 그래서 깃사키(칼끝)를 향해 은빛으로 빛나면서 휘어 있는 모양이 특징인 예술품, 일본도가 만들어졌습니다. 하루미도리 길을 건너 반대편 고속도로 아래 긴자 파이브로 들어가 봅시다. 2층에 있는 일본도 전문점 세이유도에는 크고 작은 도검, 쓰바(칼날과 칼자루 사이에 끼운, 손을 보호하는 테두리), 메누키(칼이 칼자루에서 빠지지 않도록 칼자루에 지르는 쇠못. 또 그것을 덮는 장식용 쇠붙이), 갑주(갑옷과 투구를 아울러 이르는 말) 등이 전시 판매되고 있습니다.

흠집이 나버린 쇼토(무사가 허리에 차는 크고 작은 칼 중 작은 칼. 와키자시라고도 함)를

百人一趣
・中央区銀座5-1GINZA 5 2階
・03-5568-8505 ・10:00~20:00
하쿠닌잇슈
・주오구 긴자 5-1 긴자 파이브 2층
・03-5568-8505 ・10:00~20:00

資生堂パーラー(1·3·4·5階)
・中央区銀座8-8-3 ・03-5537-6241
・11:30~21:30 ・月曜定休
시세이도 팔러(1·3·4·5층)
・주오구 긴자 8-8-3 ・03-5537-6241
・11:30~21:30 ・월요일 정기휴일

サロン・ド・カフェ(3階)
・資生堂パーラー内
・11:30~21:00(火~土曜)
・11:30~20:00(日曜·祝日)
살롱 드 카페(3층)
・시세이도 팔러 내
・11:30~21:00(화~토요일)
・11:30~20:00(일요일·공휴일)

座ファイブの2階にある日本刀専門店「誠友堂」には大小の刀剣、つば、目貫、甲冑などが展示販売されています。傷がついてしまった小刀を手に"かわいそうに…"と語る代表取締役·生野正氏の鑑識眼で選ばれた品々をご覧ください。端正な細工を施された目貫は女性にも人気です。海外には2週間ほどの手続きを経て配送手配もしてくれます。

他にも骨董品専門店が数店舗並んでいます。きもの地をドレスやコートなどに仕立て直す専門店「百人一趣」では和と洋のファッションのいいとこどりが手に入ります。このドレスでパーティーでは話題の中心になれそうです。

もう一度中央通りへ戻り、7丁目の資生堂パーラーのご紹介です。資生堂はもとは日本初の西洋医学による調剤薬局店でした。創業者がアメリカ訪問時に見たドラッグストアを参考にして、食品や雑貨、そして化粧品も扱うことになりました。レストラン経営も長い歴史があります。3Fのサロン·ド·カフェでは、ケーキやコーヒーが楽しめます。少々お値段が張りますが、窓から中央通りの風景を見下ろしながらゆったりと味わってみてください。ここでひとこと、昔は銀貨が作られていたのに、今はお金が費やされる街、それが銀座です。

손에 들고 "불쌍해라…" 하고 말하는 대표 이사 이쿠노 다다시 씨의 눈으로 엄격하게 선별된 물건들을 보십시오. 단정하게 세공된 메누키는 여성에게도 인기가 있습니다. 해외로는 2주 정도의 수속 절차를 거친 다음에 배송도 해줍니다.

資生堂パーラー 시세이도 팔러

그 외에도 같은 층에 골동품 전문점이 몇 개 더 있습니다. 기모노를 드레스나 코트로 고쳐주는 전문점 하쿠닌잇슈에서는 일본과 서양 패션의 장점을 접목시킨 의상을 구입할 수 있습니다. 이 드레스를 입으면 파티에서 모든 사람의 시선을 한몸에 받을 수 있을 것만 같습니다.

다시 주오도리 길로 돌아가 긴자 7초메 시세이도 팔러를 소개하겠습니다. 시세이도는 본디 일본 최초의 서양식 조제 약국이었습니다. 창업자가 미국에 갔을 때 봤던 드러그 스토어를 모델로 식품, 잡화, 그리고 화장품까지 취급하게 되었습니다. 레스토랑 경영에도 긴 역사가 있습니다. 시세이도 팔러 3층 살롱 드 카페에서는 케이크와 커피를 즐길 수 있습니다. 조금 비싸긴 하지만 창문에서 주오도리 길 풍경을 내려다보면서 느긋하게 즐겨보십시오. 여기서 한 말씀 드리자면, 옛날에는 돈(은화)이 만들어졌던 거리, 지금은 돈이 소비되는 거리, 그곳이 긴자입니다.

六本木·中目黒方面
롯폰기·나카메구로 방면

6 いよ! 待ってました~! の: 歌舞伎座から築地·浜離宮へ

자, 기다리고 있었어요 : 가부키자에서 쓰키지, 하마리큐까지

中央通り
주오도리 길

銀座線
긴자선

赤坂見附·渋谷方面
아카사카미쓰케·시부야 방면

首都高速道路
수도고속도로

新橋駅
신바시역

都営浅草線
아사쿠사선

五反田·浅草方面
고탄다·아사쿠사 방면

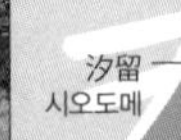

汐留
시오도메

浜離宮
하마리큐

レインボーブリッジ
레인보우 브릿지

上野 · 浅草方面
우에노 · 아사쿠사 방면

銀座駅
긴자역

日比谷線
히비야선

浅草方面
아사쿠사 방면

東銀座駅
히가시긴자역

歌舞伎座
가부키자

晴海通り
하루미도리 길

昭和通り
쇼와도리 길

首都高速道路
수도고속도로

上野 · 押上方面
우에노 · 오시아게 방면

築地駅
쓰키지역

← 六本木 · 新宿方面
롯폰기 · 신주쿠 방면

築地本願寺
쓰키지 본원사

築地市場駅
쓰키지시장역

築地場外市場
쓰키지 장외 시장

勝鬨橋
가치도키바시

大江戸線
오에도선

隅田川
스미다가와 강

築地川
쓰키지가와 강

築地市場
쓰키지 시장

上野御徒町 · 飯田橋方面
우에노오카치마치 · 이다바시 방면

歌舞伎座
・中央区銀座4-12-15
・03-3541-3131
가부키자
・주오구 긴자 4-12-15
・03-3541-3131

歌舞伎座

1889年、日本一の大劇場と銘打って開場した歌舞伎座は漏電による焼失再建後、関東大震災、空襲を乗り越えて2013年5回目の改築が完成し、バリアフリー、トイレの充実、アクセスの良さに加えて、趣向をこらしたおもてなしのサービスで迎えてくれます。

地下鉄日比谷線の東銀座駅から直結している木挽町広場は完全に歌舞伎空間です。歌舞伎座の地下2階にあってだれでも入れます。歌舞伎グッズの買い物はもちろん、歌舞伎写真館で役者になりきって記念写真はいかがでしょうか。伝統の歌舞伎メーク、衣装や背景など本物に囲まれ役者気分で、はい! ポーズ。またとないお土産です。

観劇には、イヤホンガイドが必須アイテムです。玄関入り口の階段を上り、右へ進むと受付カウンターがあります。有料ですが(700円+返却時に保証金1000円が戻る)、英語あるいは日本語による解説が舞台の進行と同時に随時流れてくる優れものです。筋書きや役者の動きの意味、見所が懇切丁寧に説明されるので、歌舞伎初心者や外国人、そして歌舞伎マニアの方にも人気があります。

歌舞伎は今では男役者だけで演じられています

가부키자

1889년 일본 최대의 극장으로 시작한 가부키자는 누전으로 인한 소실 재건 후, 관동 대지진, 공습을 극복하고 2013년 다섯 번째 개축 공사가 완료되었습니다. 턱이 없는 시설, 사용하기 편한 화장실, 편리한 접근성뿐만 아니라 풍취 있는 고객 접대 서비스로 여러분을 환대해 줍니다.

지하철 히비야선 히가시긴자역과 직결된 고비키초 광장은 완전히 가부키 공간입니다. 가부키자 지하 2층에 있어 누구나 드나들 수 있습니다. 가부키 기념품 쇼핑을 하거나, 가부키 사진관에서 배우 분장을 하고 기념 사진을 찍는 것은 어떻습니까? 전통적인 가부키 화장, 의상, 배경 등 진품 속에서 배우 기분으로, 하나 둘 셋 김치! 이렇게 사진을 찍으면 둘도 없는 좋은 기념품이 될 것입니다.

연극을 관람할 때 이어폰 가이드는 필수 아이템입니다. 입구 계단을 올라가면 오른쪽에 대여소가 있습니다. 대여는 유료로(700엔+반납 시 돌려받는 보증금 1000엔), 영어 혹은 일본어 해설을 무대 진행과 동시에 그때그때 들려주는 편리한 장치입니다. 줄거리와 배우가 하는 동작의 의미, 볼 만한 대목을 친절하게 설명해주기 때문에 가부키 초보자나 외국인, 그리고 가부키 마니아들에게도 인기가 있습니다.

가부키는 현재는 남자 배우들만 출연하고 있습니다. 원래는 1603년 현재 시마네 현의 이즈모에서 교토로 온 여성 예능인 오쿠니가 가모가와 강가에서 그때까지 없었던 참신한 춤을 선보이며 교토 사람들을 매료시킨 것이 기원이라고 합니다. 그 색다른 모습과 선동적인 춤이 사람들을 홀린다고 해서 얼마 지나지 않아 금지되었습니다. 교토 시조

出雲阿国　出身は出雲大社の巫女とも言われるが定かではない。彼女の念仏踊りが、後に歌舞伎に発展。
이즈모노 오쿠니 이즈모 대사의 무녀 출신이라는 설이 있으나 확실치는 않다. 그녀의 염불춤이 훗날 가부키로 발전.

が、そもそもは現在の島根県、出雲から京都にやってきた女芸人の阿国が、鴨川の河原でそれまでなかった斬新な踊りを披露し、都人を魅了したのがその起源とされています。その異様な姿と煽動的な踊りは人々を惑わすとされ、まもなく禁止されてしまいます。京都の四条大橋のたもとに出雲阿国の銅像がありますが、男装で刀を差し、扇を持ってポーズをとっている姿は優雅でなぜ禁止されたのか戸惑うほどです。

京都から江戸へと歌舞伎は広まり、男歌舞伎へと変わってゆきます。歌舞伎は、芝居と踊りと音楽が融合した日本の伝統舞台芸能です。外国人には「日本のオペラ」と紹介しています。女形の存在、花道での客席と役者の接近した緊張感、回り舞台やせり上がりのからくり、ひな壇に並ぶ三味線や笛、太鼓の囃子連中と長唄、役者の美しい衣裳、強調されたメークアップなど、楽しみは山とあります。

観客席全体は、左右に桟敷席、舞台に向かって左には花道、天井は4階まで吹き抜けの心まで晴れやかになりそうな広々した空間です。舞台の幕が上がったら、あとはガイドを聴きながら400年の伝統舞台芸術を堪能してください。限られた時間しかない方には一幕見をおすすめします。チケット

오하시 다리 옆에는 이즈모노 오쿠니의 동상이 있습니다. 남장을 한 채 칼을 차고, 부채를 들고 자세를 취하고 있는 모습이 우아한데 왜 금지되었는지 의아합니다.

교토에서 에도로 가부키는 전파되었고 남자 가부키로 변해갔습니다. 가부키는 연기와 춤, 노래가 융합된 일본의 전통 무대 예술입니다. 외국인에게는 '일본의 오페라'라고 소개하고 있습니다. 오야마(여자 역을 하는 남성)의 존재, 하나미치(관객석을 가로질러 만든 배우들의 통로)에서 관객들과 배우가 가까워졌을 때의 긴장감, 회전 무대와 승강 장치, 상하 2단 좌석에 나란히 앉은 샤미센(일본의 3현금), 피리, 북 연주자들과 나가우타(성악곡), 배우들의 아름다운 의상, 강조된 화장 등 갖가지 재미가 있습니다.

관객석에는 좌우에 사지키 석(판자를 깔아서 높게 만든 관람석)이 있고 무대를 바라보고 왼쪽에는 하나미치가 있으며 천장은 4층까지 훤히 트여 있어 가슴이 뻥 뚫리는 듯한 널찍한 공간입니다. 공연이 시작되면 이어폰 가이드를 들으면서 400년 전통의 무대 예술을 만끽해보십시오.

新しくなった歌舞伎座タワー 새로워진 가부키자 타워

大向こうグループ　東京には、弥生会、寿会、声友会の3つがある。
오무코 그룹 도쿄에는 야요이카이, 고토부키카이, 세이유카이 3개가 있다.

売り場は玄関向かって左側にあり、エレベーターで4階に上ります。舞台ははるかかなたで、役者が出入りする大切な舞台の一部の花道も、その足音が聞こえるだけで見えません。

しかし、舞台だけでなくおまけの楽しみがあります。「おとわや~!」「なりこまや~!」「いよ!待ってました~!」などとタイミングよく役者へ声をかける大向こうさんが、毎日交代で陣取るところなのです。大向こうグループと呼ばれる会が3つあり、毎日必ず一人はこの重要な仕事のためにボランティアで駆けつけます。声かけがない芝居はまるで塩がふってない焼き魚です。味気ないことこのうえなしです。突然、隣の人が大声で叫ぶのですから、知らないで座っていた外国人は本当にびっくりします。事前にこれらのチアーリーダーのことを教えてあげておいてください。

歌舞伎を楽しむのはいまだに女性が大半を占めています。舞台の上の役者よろしく、着物姿も美しい桟敷席で観劇をしている奥方やお嬢様を目にすると、華やかさで楽しさも倍増です。江戸っ子の楽しみといえば、男性は相撲と吉原、女性は歌舞伎と相場が決まっていたようです。今では明るすぎるほどの照明で浮かび上がる舞台ですが、江戸時代はろうそくと外からの太陽光だけで役者の

시간이 한정된 분에게는 히토마쿠미(단막 관람)를 추천합니다. 매표소는 정면 입구를 향해서 왼쪽에 있고 4층까지 엘리베이터로 올라갑니다. 무대는 아득히 멀리 있어 배우들이 드나드는 중요한 무대의 일부인 하나미치도 잘 안 보이고, 배우들의 발걸음 소리만 들립니다.

그러나 공연뿐만이 아닌 다른 즐거움도 있습니다. 4층은 가부키 배우의 집안 호칭인 옥호 '오토와야', '나리코마야', 혹은 '욧, 맛테마시다(자, 기다리고 있었어요)' 등 타이밍을 맞춰 배우들을 향해 외치는, 오무코(무대 정면 관람석 뒤에 있는 자리)라고 불리는 팬들이 매일 교대로 진을 치고 있는 자리입니다. 오무코 그룹이라고 불리는 모임은 3개 있고, 매일 반드시 한 명은 이 중요한 임무를 수행하기 위해 자발적으로 가부키자를 찾습니다. 오무코의 목소리가 들리지 않는 가부키는 마치 소금을 안 뿌린 생선구이처럼 제맛이 안 납니다. 갑자기 옆 사람이 큰 소리로 외치니까 아무것도 모르고 앉아 있던 외국인은 매우 놀라게 됩니다. 사전에 이런 응원단이 있다는 것을 알려주셨으면 합니다.

가부키를 즐기는 사람들은 아직까지 대부분이 여성들입니다. 무대 위의 배우처럼 아름다운 기모노 차림으로 사지키 석에서 관람하고 있는 사모님과 아가씨들을 보면 그 화려함 때문에 즐거움도 배가 됩니다. 에도 시대 서민의 오락이라고 하면 남자는 스모(일본의 전통 씨름)와 요시와라(유흥가), 여자는 가부키가 일반적이었습니다. 지금은 눈부실 정도의 밝은 조명으로 장식된 무대이지만 에도 시대에는 촛불과 외부에서 들어오는 햇빛만으로 배우의 얼굴과 무대 장치를 볼 수 있었습니다. 당연히 공연은 아침부터 해가 질 때까지였습니다. 오다나(큰 가게)의 사모님과 아가씨들은 전날 밤 극장 근처에 묵고 아침부터 꽃단장을 하고 들뜬 기분으로 공연을 즐기러 갔다고 합니다. 1박 2일의 연극 관

顔や舞台装置を見ていたのです。当然舞台は午前中から日が暮れるまで。大店の奥方やお嬢様たちは前の晩から劇場近くに宿泊し、朝から身支度をしていそいそと出かけていったとか。1泊2日の観劇はさぞかし楽しい小旅行のようなものだったことでしょう。

築地

日本に到着して間がなく、まだ時差で早朝に目が覚めてしまう方へとっておきのおすすめスポットです。歌舞伎座のある晴海通りを東京湾へ向かって東にさらに進むと築地です。世界に名だたる、魚介類取扱量世界一の築地中央卸売市場。東京中で一番活気にあふれた朝の風景のご案内です。

世界中から集ってくる水産物と野菜や果物が1日で約1万8800トン(2012年)。そのすべてがその日のうちに売り買いされて大都会東京の胃袋に納まるというダイナミックな取引が繰り広げられる市場です。毎朝3時にはせりの準備が卸売業者の売り場で開始され、冷凍まぐろがまだ暗い売り場で白い湯気を上げ、業者の値踏みに身を任せるように並べられている光景は圧巻です。

築地は江戸時代に埋め立てられました。埋め立て工事は海から寄せてくる波との格闘が避けられません。その波をよけてくれる神様を祭ってあるのが波除稲荷神社です。その近くにある海幸橋門から場内に入ると、お目当てのまぐろのせり場に

築地市場
・中央区築地5-2-1 ・03-3542-1111
・市場が開く日時、時間は季節によっても違うので、事前に確認するといい。

쓰키지 시장
・주오구 쓰키지 5-2-1 ・03-3542-1111
・시장이 열리는 날짜와 시간은 계절에 따라 다르기 때문에 사전에 확인하는 것이 좋다.

람은 아마도 즐거운 소풍이었던 것 같습니다.

쓰 키 지

일본에 도착한 직후 시차 때문에 아침 일찍 일어나는 분들께 특별히 추천할 만한 관광 장소입니다. 가부키자가 있는 하루미도리 길을 지나 도쿄 만을 향해 동쪽으로 더 가면 쓰키지입니다. 세계적으로 이름을 떨친, 거래량 세계 최대의 수산 시장인 쓰키지 중앙 도매 시장입니다. 도쿄에서 가장 활기찬 아침 풍경을 볼 수 있습니다.

전 세계에서 모이는 수산물과 채소, 과일이 하루에 약 1만 8800톤(2012년). 물량 전부가 당일에 매매되고 대도시 도쿄에서 소비되는 역동적인 거래가 이루어지는 시장입니다. 새벽 3시에는 도매업자 매장에서 경매 준비가 시작되고 냉동 참치들이 아직 어두운 매장에서 하얀 김을 내뿜으며, 마치 업자들의 평가를 기다리고 있는 듯 가지런히 누워 있는 광경은 압권입니다.

쓰키지는 에도 시대에 바다를 매립해 만든 땅입니다. 매립 공사는 바다에서 밀려오는 파도와의 싸움을 피할 수 없습니다. 파도를 막아주는 신을 모신 곳이 나미요케 이나리 신사입니다. 그 근처에 있는 가이코바시문에서 시장 안으로 들어가면 목적지인 참치 경매장에 바로 갈 수 있습니다.

가장 인기가 있는 참치 경매는 새벽 5시 반쯤에 시작됩니다. 하지만 견학자들이 예의를 지키지 않는 경우가 너무 많아 현재 경매장의 일반 견학은 견학자 코스에서만 할 수 있습니다. 생선의 신선도나 품질을

すぐ行けるのです。

一番人気のまぐろのせりは5時半頃から始まります。しかし、現在、せり場の一般見学は、見学者があまりに遠慮なく進入し、マナー違反の行為を繰り返したため、見学者コースが設置されました。魚の新鮮度や品質を見るために切り落とされたまぐろの尻尾部分を業者さながらにのぞき込んで、挙句のはてにひと口、味見をしたり、せりの値段交渉の時、業者間でかわされる指の微妙な動きのやりとりが見学者のフラッシュで見えなくなるなど、市場の張り詰めた真剣勝負の世界にはそぐわないことが起こってしまったためです。見学者用の通路では、節度ある態度を守って現場の方々の指示に従いたいものです。

次の舞台はせりで買い落とされたまぐろがターレと呼ばれる電気荷台車に載せられて運ばれてゆく仲卸業者売場です。ここでの見学は午前9時から許されています。ただし、見学者はお客様ではないので、ゆきかうターレや買い出しに来た業者さんの邪魔にならないように十分な注意が必要です。

サムライの日本刀をより細く長くしたような長包丁、あるいはうなりを上げている電気のこぎりの音を探してみましょう。100キロもあろうかというまぐろがみるみるうちに小さい塊に整えられてゆきます。正確に骨をよけて切り分けられ、ほどよい大きさになります。

まぐろ以外にもうひとつぜひご紹介したいのはふぐです。人間一人や二人は簡単に死なせてしまうほどの猛毒テトロドキシンをその肝に宿す魚。1975年に歌舞伎の八代目坂東三津五郎が京都の料亭でふぐの肝を食し急死しました。その後、国はこの肝を食することを禁止してしまいました。肝は禁断の味となり、ふぐは高級な料亭で出される

확인하기 위해 자른 꼬리 부분에 업자처럼 얼굴을 가져다 대고 들여다 보거나 심지어는 한 입 맛을 보는 경우도 있고, 견학자들의 카메라 플래시 때문에 경매 가격 흥정 때 업자들이 주고받는 미묘한 손동작이 보이지 않는 등 긴장된 진검 승부의 세계인 시장과는 어울리지 않는 일들이 일어났기 때문입니다. 견학자용 통로에서는 질서 있게 예의를 지키고 현상 분들의 지시를 따라주셨으면 합니다.

다음 무대는 경매로 팔린 참치를 터릿(turret)이라고 부르는 전기 운반차에 실어서 가져가는 중간 도매업자 매장입니다. 이곳의 견학은 오전 9시부터 가능합니다. 단, 견학자는 손님이 아니기 때문에 이동하는 터릿과 물건을 사러 온 업자들에게 방해가 되지 않도록 충분한 주의가 필요합니다.

무사의 일본도를 더 길고 가늘게 만든 것처럼 긴 식칼, 혹은 전기톱의 윙윙거리는 소리를 찾아봅시다. 100kg 이상의 참치가 순식간에 작은 덩어리로 조각이 납니다. 정확하게 뼈를 피해 토막을 내서 적당한 크기로 만듭니다.

참치 다음으로 또 하나 소개하고 싶은 생선은 복어입니다. 사람 한두 명은 간단히 죽일 수 있을 정도의 맹독인 테트로도톡신을 간에 품고 있는 생선입니다. 1975년 가부키 배우 제8대 반도 미쓰고로가 교토의 요정에서 복어 간을 먹고 급사했습니다. 그 후 일본 정부는 복어 간을 먹는 것을 금지합니다. 간이 금단의 맛이 된 복어는 고급 요정에서 제공되는 아주 비싼 생선입니다. 쓰키지에서는 수조에서 헤엄치는 모습을 볼 수 있습니다. 꼭 찾아보십시오.

쓰키지 중앙 도매 시장은 생선들이 팔팔할뿐더러 거기서 일하는 사람들도 활기가 넘칩니다. 비린내는 나지 않고 오히려 청결함이 느껴

場外市場 中央卸売市場(「競り」をやっているところ)の外にある市場で、民間の業者が集まって商売をしている。たいていの小売店は早朝5時ごろから開いているが、プロの人たちが多いので、一般の買い物は午前9時から午後1時ぐらいまでが最適。
장외 시장 중앙 도매 시장(경매 장소) 밖에 있는 시장으로 민간업자들이 모여서 장사를 하는 곳. 대부분의 상점은 새벽 5시쯤부터 문을 열지만 이 시간에 방문하는 사람들은 가게를 운영하는 사람들이므로 일반인은 오전 9시부터 오후 1시쯤에 가면 좋다.

高嶺の花です。築地では生け簀に泳ぐ姿が拝めます。ぜひ探してみてください。

中央卸売市場は魚も働く人々もともにぴちぴち、新鮮そのものです。魚臭いことはなく、かえって清潔感さえただよっています。見学した外国人は、皆必ず、「人生で初めて、忘れられない経験だよ」と口にします。

その後は誰でも入れる市場内の鮨屋さんで朝ごはんなどいかがでしょうか。

さらに、先ほどの海幸橋門にまた戻って、場外市場の細い路地をひとときゆっくりと歩き回り、水産物、野菜、台所用品などの買い物を楽しむことができます。お昼時にはほとんどのお店が店じまいです。

浜離宮

1日たっぷりと楽しんだ気分ですが、まだ陽は高い。そこで元気があったら歩いて10分ほどの浜離宮へ足を延ばしてみましょう。徳川家の鴨場として江戸湾に隣接し、海水が入り込む汐入湖を中心に広がる将軍のお庭です。東京にある限られた大名庭園の中でも格の高いお庭です。大きく広がる

浜離宮恩賜庭園
・中央区浜離宮庭園1-1
・03-3541-0200
하마리큐온시 정원
・주오구 하마리큐테이엔 1-1
・03-3541-0200

집니다. 견학한 외국인들은 한결같이 "인생에서 처음이자 잊을 수 없는 경험"이라고 말합니다.

견학한 후에는 누구나 들어갈 수 있는 시장 내부의 초밥집에서 아침 식사를 하는 것은 어떻습니까?

또한 방금 지나온 가이코바시문으로 돌아가서 장외 시장의 좁은 골목을 한동안 천천히 걸으며 수산물, 채소, 주방용품 등의 쇼핑을 즐길 수도 있습니다. 점심 시간이 되면 대부분 가게가 장사를 끝내고 문을 닫습니다.

하마리큐

浜離宮恩賜庭園 하마리큐온시 정원

하루종일 충분히 즐겼지만 아직 날은 밝습니다. 힘이 남아 있으면 걸어서 10분 정도인 하마리큐온시 정원에 가봅시다. 도쿠가와 가문의 가모바(오리 사냥터)로 에도 만에 인접해 있고 바닷물을 끌어와 만든 조수 연못을 중심으로 펼쳐진 장군의 정원입니다. 도쿄에 몇 개 없는 다이묘(만 석 이상의 영지를 소유한 봉건 영주)의 정원 중에서도 격이 높은 곳입니다. 크게 펼쳐

レインボーブリッジ 레인보우 브릿지

池には中島が築かれ、橋が架かっています。中島には池に浮かぶようにお茶室があります。靴を脱いで、ゆっくりと一服のお茶を楽しんではいかがでしょうか。

レインボーブリッジを遠景に、ひとときの安らぎの時間です。浜離宮は、ぼたん、コスモスなど、季節の花々が彩りを添える都内のオアシスのひとつです。回りを囲む借景は汐留サイトのビル群です。将軍のお庭とのコントラストも現代の東京の風景です。

浜離宮と汐留のビル群 하마리큐와 시오도메 빌딩군

진 연못에는 나카지마(못 가운데에 있는 섬)가 있고 다리가 놓여 있습니다.

나카지마에는 연못 위에 떠 있는 것처럼 보이는 다실이 있습니다. 구두를 벗고 여유롭게 차 한 잔을 즐겨보면 어떻습니까?

멀리 레인보우 브릿지가 보이는 곳에서 한동안 편안한 시간을 보낼 수 있습니다. 하마리큐는 모란, 코스모스 등 계절마다 꽃들로 화려하게 물드는 도쿄의 오아시스 중 하나입니다. 주변을 둘러싼 풍경은 시오도메 사이트의 고층 빌딩군입니다. 장군의 정원과의 대조 역시 현대 도쿄의 풍경입니다.

7 明治の杜と原宿

메이지의 숲과 하라주쿠

代々木上原方面 ↑
요요기우에하라 방면

← 渋谷 · 品川方面
시부야 · 시나가와 방면

山手線
야마노테선

明治神宮前駅
메이지진구마에역

渋谷方面
시부야 방면

明治通り
메이지도리 길

太田記念美術館
오타 기념 미술관

かまわぬ
가마와누

明治神宮前駅
메이지진구마에역

表参道
오모테산도

千代田線
지요다선

渋谷方面
시부야 방면

半蔵門線
한조몬선

表参道駅
오모테산도역

綾瀬方面
아야세 방면

赤坂見附方面
아카사카미쓰케 방면

代々木公園
요요기 공원

明治神宮
메이지 신궁

原宿駅
하라주쿠역

→ 代々木 · 新宿方面
요요기 · 신주쿠 방면

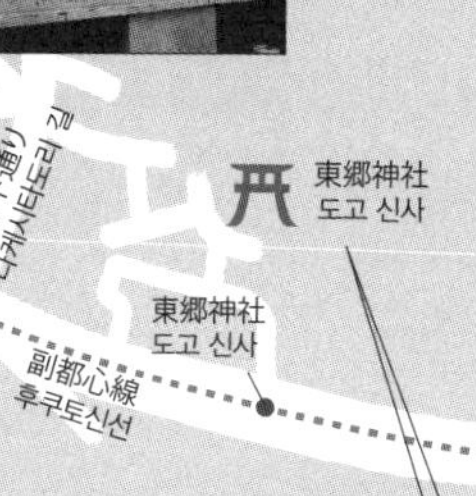

竹下通り
다케시타도리 길

東郷神社
도고 신사

東郷神社
도고 신사

副都心線
후쿠토신선

→ 池袋 · 和光方面
이케부쿠로 · 와코 방면

明治神宮

明治天皇 在位1867~1912年。1867年に王政復古の大号令を発し、翌年、元号を明治と改める。江戸を東京と改め、新政府のもと日本の近代化を進めた。

메이지 천황 재위 1867~1912년. 1867년에 왕정 복고의 대호령을 발하고, 다음 해 연호를 메이지로 개칭한다. 에도를 도쿄로 개칭하며, 새로운 정부 아래서 일본의 근대화를 추진했다.

明治神宮
・渋谷区代々木神園町1-1
・03-3379-5511
・1920年創建されたが、1945年の大空襲で創建当初の建物のほとんどが消失。その後、1958年に復興造営が完成。

메이지 신궁
・시부야쿠 요요기카미조노초 1-1
・03-3379-5511
・1920년에 창건되었으나 1945년의 대규모 공습으로 창건 당시의 건조물은 거의 대부분 소실되었다. 그 후, 1958년에 복원 공사가 완공되었다.

武家社会が終焉を迎え、近代日本が生まれたとき、江戸城から西の一帯にあった名だたる譜代大名の豪奢な屋敷は取り壊され、代わりに新生日本を象徴する建物や施設が続々と建設されました。ここでは近代化の大きな流れの中、重要な役割を果たした二人の人物ゆかりの地を訪ねながら、江戸、明治、そして現代と、目覚ましい発展をとげた表参道周辺をご案内します。

まずは明治天皇です。日本が開国後、西洋列国に伍して近代国家を建設してゆく中、欧米に範をとって立憲君主制をしいた新生日本の中心にいたのが明治天皇です。45年の間在位し、その60年の生涯を閉じたとき、この天皇を祭る神社建設運動が起こりました。多くの候補地の中から選ばれた代々木の地には、神社にあるべき鎮守の森がありませんでした。永遠の森をどうやって創り出すのか、明治の人々の英知が試されることになったのです。

原宿駅を降りてすぐ、JRの線路をまたぐ橋を渡るとそこは都会のオアシス。17万本の木々に守られた明治神宮です。水の流れにもまれて玉のように磨かれた清浄な小石を境内や参道に敷き詰める

메이지 신궁

무사가 지배하던 사회가 종언을 고하고 근대 일본이 태동했을 때, 에도 성에서 서쪽 일대에 있었던 유명한 후다이다이묘(에도 시대 당시 정치적 실권을 쥔 도쿠가와 가문을 섬겨온 다이묘. 봉록이 만 석 이상인 무가)의 호사스러운 저택은 헐리고 대신 신생 일본을 상징하는 건물과 시설이 잇달아 건설되었습니다. 여기에서는 근대화의 큰 흐름 가운데 중요한 역할을 완수한 두 인물의 연고지를 방문하며 에도, 메이지, 그리고 현대로 눈부신 발전을 이룬 오모테산도 주변을 안내해 드리겠습니다.

먼저, 메이지 천황입니다. 일본이 개국 후, 서양 열강과 어깨를 나란히 하며 근대 국가를 건설해가는 가운데 구미를 모범으로 입헌 군주제를 채택한 신생 일본의 중심에 있던 사람이 메이지 천황입니다. 45년간 재위했고, 그가 60년의 생애를 마쳤을 때, 이 천황을 모시는 신사의

明治神宮 메이지 신궁

のは神社のルール。威厳あふれる一の鳥居から玉砂利を踏む音を確かめながら大鳥居まで来ると、すぐその右手の森の中に堂々と成長した大木が数本、大きな枝を伸ばしています。

鳥居のすぐ右側からクスノキ、スダジイ、アラカシ、シラカシ、アカガシと並んでいます。自然界ではもともとあり得ない木々の配列です。理由はもちろん、当時植林された木々がみごとに鎮守の森に成長したからです。今からほぼ80年前、10万本におよぶ全国からの献木を7年かけて植林してできたものなのです。今では植林した人々の気配が感じられないほど自然を感じる森ですが、明治の人々の英知とたゆまぬ努力の結晶なのです。

キリスト教の大聖堂の祭壇には十字架のキリスト像、天井には光り輝く神の国が象徴的にデザインされています。神は天上高くおわし

神宮前交差点付近 진구마에 사거리 부근

건설 운동이 일어났습니다. 많은 후보지 중 뽑힌 요요기에는 신사에 있어야 할 수호신을 모시는 숲이 없었습니다. 영원의 숲을 어떻게 만들어낼 것인지 메이지 사람들의 예지가 시험받게 된 것입니다.

하라주쿠역에 내려서 바로 JR선로를 넘어가는 다리를 건너면 그곳은 도시의 오아시스. 17만 그루의 나무들이 지켜온 메이지 신궁입니다. 물살의 흐름에 부대껴 구슬처럼 닳은 청정한 조약돌을 경내와 참배길에 까는 것은 신사의 규칙입니다. 위엄 있는 이치노 도리이(신사에 들어가면 맨 처음에 있는 도리이. 신사의 참배길 입구에 세우는 기둥문. 성역의 경계를 가리킴)에서 조약돌을 밟는 소리를 확인하면서 오토리이(가장 큰 도리이)까지 오면 바로 그 오른쪽에 있는 숲 속에 당당하게 자란 나무 몇 그루가 큰 가지를 늘어뜨리고 있습니다.

도리이의 바로 오른쪽부터 녹나무, 구실잣밤나무, 종가시나무, 가시나무, 북가시나무가 나란히 줄을 서 있습니다. 자연계에서는 원래 있을 수 없는 나무들의 배열입니다. 그 이유는 물론 당시 심었던 나무들이 훌륭하게 수호신을 모시는 숲으로 성장했기 때문입니다. 지금으로부터 약 80년 전 일본 전국에서 보내 온 10만 그루에 달하는 나무를 7년에 걸쳐서 심고, 가꾸어서 만든 것입니다. 현재는 나무를 심었던 사람들의 흔적을 느낄 수 없을 정도로 자연으로 가득한 숲이지만, 메이지 시대 사람들의 예지와 꾸준한 노력의 결정체입니다.

기독교 대성당의 제단에는 십자가 예수상이, 천장에는 빛나는 신의 나라가 상징적으로 디자인되어 있습니다. 신은 하늘 높이 계신다고 해서 사람들은 높은 곳을 향해서 기도를 드립니다. 이와 비교해서 일본 고래의 신도에서 신은 삼라만상, 산이나 숲의 나무 등에 깃들어 있다고 여겨져 왔습니다. 기도의 대상은 자연 그 자체이며, 지금 걸어가

柱の傷 기둥의 상처

ますと、人々は高き処へ祈りを奉げます。それに対して、日本古来の神道では神様は森羅万象、山や森の木々等に宿ると考えます。祈りの対象は自然そのもの、今歩み進んでいる参道の両側にある森はすでに神の領域、神聖なる場です。清涼な空気を深呼吸し、味わってみてください。

ツリーウォッチングを楽しみながら本殿に進んでください。本殿手前の外拝殿の階段を上ったところで軒を支えている柱の傷に注目です。無数の傷は毎年正月三が日に押し寄せる300万人余の参拝者が投げ入れるお賽銭によってできたものです。

さてお参りが済んで、参道を戻って一の鳥居をくぐり境内から出ると、目の前には日本のシャンゼリゼ通りとも称せられる表参道が美しいけやき並木を見せて一直線に延びています。

原宿・表参道

その名前が示すようにこの道は明治神宮への参道として造られました。元旦の初日の出を東京で拝みたいと思ったら、JR上に架かる橋のあたりから表参道に向かって立ってみてください。この通りの真っすぐ先に初日の出が昇るはずです。明治

는 참배길의 양쪽에 있는 숲은 이미 신의 영역이며 신성한 장소입니다. 심호흡하면서 청량한 공기를 맛보시기 바랍니다.

수목을 감상하면서 본전으로 가십시오. 본전 바로 앞에 있는, 신전 계단을 올라간 곳에서 지붕 처마를 받치고 있는 기둥에 상처가 많이 난 것을 볼 수 있습니다. 무수한 상처는 매년 정초 사흘 동안 밀려오는 300만 여 명의 참배자가 던지는 동전으로 생긴 것입니다.

그다음에 참배를 마치고 참배길을 되돌아가며 이치노 도리이 밑을 지나 경내를 나오면, 눈앞에는 일본의 샹젤리제 거리라고도 불리는 오모테산도 길이 아름다운 느티나무 가로수 경관과 함께 일직선으로 뻗어 있습니다.

하라주쿠·오모테산도

그 이름이 가리키는 대로 이 거리는 메이지 신궁으로 가는 참배길로 만들어졌습니다. 설날의 해돋이를 도쿄에서 보려면 JR선 위로 놓여 있는 다리 부근에서 오모테산도를 향해 서보십시오. 이 거리의 전방에서 새해 첫 해돋이를 볼 수 있을 것입니다. 메이지 신궁과 자연이 공존하고 있다는 것을 실감할 수 있는 순간입니다.

오모테산도 주변은 지금 일본 패션의 최첨단을 달리는 지역입니다. 해외 브랜드뿐만 아니라 일본의 유명 명품점도 즐비합니다. 세계로 발신하는 일본 브랜드의 거점을 구경한 후에는 분위기를 확 바꿔서 메이지 시대 때 일본 연합 함대의 기함이었던 '미카사'를 이끌고 러시아의 발트 함대와 싸운 도고 제독의 연고지를 찾아가 봅시다.

東郷神社
·渋谷区神宮前1-5-3
·03-3403-1431
도고 신사
·시부야쿠 진구마에 1-5-3
·03-3403-1431

神宮と自然がともにあることを実感できる一瞬です。

表参道周辺は今や日本随一のファッション最先端をゆくエリアです。海外のブランドのみならず、日本発の有名ブランド店も軒を並べています。世界に発信している日本ブランドの旗艦店をのぞいてみた後は、ぐっと趣を変えて、明治期の日本連合艦隊の旗艦「三笠」を率いてロシアのバルチック艦隊と戦ったアドミラル東郷のゆかりの地を訪ねてみましょう。

海外でもその偉業が認められ、東洋のネルソンといわれたアドミラル東郷、日本帝国海軍元帥東郷平八郎です。明治通りと表参道の交差点を曲がり、竹下通り入り口あたりまで若者たちの喧騒にもまれながら進むと、その先左側に鳥居が見えてきます。鳥居とは俗界から神聖な場所へといざなう入り口ですが、正にその意味の示す通り、一歩足を踏み入れると、目の前には池を取り囲むように広がる日本庭園です。あまりの静けさにタイムスリップしたかのようです。

庭の中央にある「神池」に架かった橋を渡ると、みごとな錦鯉や緋鯉が寄ってきます。その先の階段を20段ほど上がるとアドミラル東郷を祭る東郷神社の回廊が見えてきます。日本の国防には海軍

해외에서도 그 위업을 인정받아 동양의 넬슨(Horatio Nelson)이라고 불리는 도고 제독, 일본 제국의 해군 원수였던 도고 헤이하치로입니다. 메이지도리 길과 만나는 오모테산도 길의 사거리를 돌아서 다케시타도리 길 근처까지 젊은이들이 왁자지껄 떠들어대는 소리에 시달리며 걷다 보면 그 앞 왼쪽에 도리이(신사 입구에 세운 기둥문)가 보이기 시작할 겁니다. 도리이란 세속 세계에서 신성한 장소로 칭하는 입구인데 바로 그 뜻대로 한 걸음 발을 들여놓으면 눈앞에는 연못을 둘러싸는 듯 펼쳐진 일본정원이 있습니다. 너무나 고요한 분위기에 시간 여행을 하는 것 같은 기분입니다.

東郷神社 도고 신사

정원 한가운데에 있는 '신지(신성한 연못)'에 놓인 다리를 건너면 멋진 비단잉어와 금잉어가 다가옵니다. 그 앞에 있는 계단을 20층 정도 올라가면 도고 제독을 모시는 도고 신사의 회랑이 보이기 시작할 겁니다. 일본 국방에 해군 창설이 필수적이라고 생각한 젊은 날의 도고는 7년 동안의 영국 유학 중 영어, 이과, 해군학은 말할 것도 없고 국제법까지 배워 러일전쟁에서는 연합 함대의 사령장관으로 활약해 세계를 놀라게 했습니다.

메이지 신궁에 모셔진 메이지 천황과 도고 제독, 메이지의 위인 두 사람을 통해 근대 일본의 역사와 잠시 함께하는 하루는 어떻습니까?

太田記念美術館
·渋谷区神宮前1-10-10
·03-3403-0880 ·10:30~17:30
·月曜定休
오타 기념 미술관
·시부야쿠 진구마에 1-10-10
·03-3403-0880 ·10:30~17:30
·월요일 정기휴일

の創設が必至と考えた若き日の東郷は、イギリスへの7年間の留学中に英語、理科、海軍学は言うにおよばず、国際法まで学び、日露戦争では連合艦隊司令長官として活躍し、世界を驚かせました。

明治の二人の偉人を通じて近代日本の歴史にしばし触れる1日、いかがでしょうか。

太田記念美術館

海外でも大人気の浮世絵を見たいなら、浮世絵専門の太田記念美術館もおすすめです。原宿の喧噪から一歩入った静かな一角に1万4000点にのぼる収蔵を誇る浮世絵専門美術館があります。原宿駅から表参道を進み、明治通りとの交差点一つ手前の角を左へ曲がるとすぐ左側に看板が見えてきます。

庶民文化が花開いた江戸で愛読されたのは木版画印刷による書籍、瓦版、そして今でいうポスターのような浮世絵でした。かけそば1杯と同じ値段で、好きな役者の似顔絵、憧れの芸者の姿、風刺画などの浮世絵が買えたのです。また、固い桜の木でできた版を使って大量に印刷され、日本からヨーロッパへ輸出されていた陶器の包装紙と

오타 기념 미술관

太田記念美術館 오타 기념 미술관

해외에서도 인기 많은 우키요에(에도 시대에 서민 계층을 기반으로 발달한 풍속화)를 보고 싶으면 우키요에가 전문인 오타 기념 미술관을 추천합니다. 하라주쿠의 떠들썩함에서 한 걸음 물러난 곳의 고요한 한 편에 1만 4000점에 달하는 수장품을 자랑하는 우키요에 전문 미술관이 있습니다. 하라주쿠역에서 오모테산도를 향해 가다가 메이지도리 길과 만나는 사거리 앞의 길모퉁이를 왼쪽으로 돌면 바로 왼쪽에 간판이 보입니다.

서민 문화가 만개했던 에도에서 애독되었던 것은 목판 인쇄 서적, 가와라반(에도 시대에 거리에서 팔던 속보 기사 인쇄물), 지금의 포스터와 같은 우키요에였습니다. 메밀국수 한 그릇과 같은 값으로 좋아하는 배우의 초상화, 동경하는 게이샤의 모습, 풍자화 등의 우키요에를 살 수 있었던 것입니다. 또한 딱딱한 벚나무로 만든 판을 사용해서 대량으로 인쇄해 일본에서 유럽으로 수출하게 되었던 도자기 포장지가 바다를 건너가, 고흐(Vincent van Gogh)를 비롯한 당시 인상파의 주목을 끌어서 자포니즘의 발단이 된 것은 유명한 사실입니다.

한모토(에도 시대에 서적이나 가와라반, 우키요에 등의 제작부터 인쇄, 판매까지 일관하고 있던 사업주)는 종합 프로듀서였습니다. 제재로 쓰이는 게이샤나 배우의 기모노 디자인, 장신구나 소지품을 정하고 화공에게 지시를 내려 유행

かまわぬ
・太田記念美術館地下1階
・03-3401-7957 ・10:30~19:00
・年末年始のみ休み
가마와누
・오타 기념 미술관 지하1층
・03-3401-7957 ・10:30~19:00
・연말연시 휴무

なって海を渡り、ゴッホをはじめとする当時の印象派の眼にとまり、ジャポニズムの発端になったことは有名です。

版元は総合プロデューサーです。題材になる芸者や役者の着物のデザイン、小物や持ち物を決め絵師に指示を出し流行を作りました。江戸の人気商品はこのようにして生まれていったのです。本物志向の日本びいきのお客様には必ずおすすめしているスポットです。

美術館の地下にあるかまわぬは手染めのカラフルなデザインが楽しい手拭い専門店。外国人には手拭いの使いみちを丁寧に説明してくれます。特に人気のある使い方は手拭いをスカーフにする、あるいは別売りの木製のポールにかけて壁掛けとして使うもの。手頃な値段で和のアートが楽しめると評判です。

을 만들었습니다. 에도의 인기 상품은 이렇게 해서 태어났던 것입니다. 진품을 좋아하고 일본을 특히 좋아하는 손님에게는 꼭 추천하는 장소입니다.

미술관 지하에 있는 '가마와누'라는 상점은 손으로 염색한 다채로운 디자인이 보는 이의 눈을 즐겁게 하는 일본 수건 전문점입니다. 외국인에게는 일본 손수건의 사용법을 정중하게 설명해줄 겁니다. 특히 인기 있는 사용법은 일본 손수건을 스카프로 하거나, 또는 별도 판매되는 나무 제작 폴에 걸어서 벽걸이로 쓰는 것입니다. 적당한 가격으로 일본 예술을 즐길 수 있다고 하여 평판이 좋습니다.

8 電気街とサブカルチャー：秋葉原

전자상가와 하위문화: 아키하바라

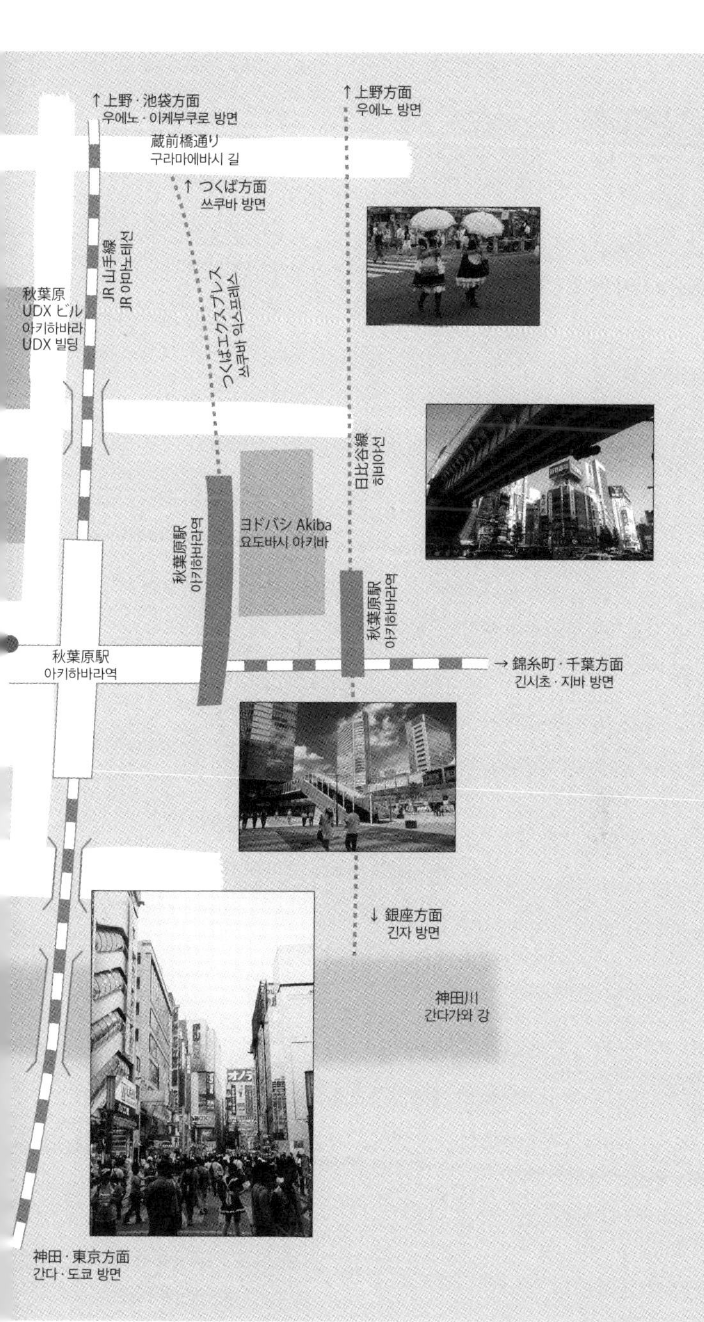

↑上野・池袋方面
우에노・이케부쿠로 방면
↑上野方面
우에노 방면
蔵前橋通り
구라마에바시 길
↑ つくば方面
쓰쿠바 방면
JR 山手線
JR 야마노테선
つくばエクスプレス
쓰쿠바 익스프레스
秋葉原
UDX ビル
아키하바라
UDX 빌딩
日比谷線
히비야선
ヨドバシ Akiba
요도바시 아키바
秋葉原駅
아키하바라역
秋葉原駅
아키하바라역
秋葉原駅
아키하바라역
→ 錦糸町・千葉方面
긴시초・지바 방면
↓ 銀座方面
긴자 방면
神田川
간다가와 강
神田・東京方面
간다・도쿄 방면

有名電気店が並ぶ
유명한 전자 제품 판매점이 늘어서 있는 길

秋葉原の歩行者天国
보행자 천국인 아키하바라

秋葉原

日本の首都、東京には今や世界のトップブランドが集まり、お金さえあれば何でも手に入ります。中でも、電化製品をお探しの方ならどうしても訪ねたいのが、親しみを込めてアキバとも呼ばれる秋葉原の街です。今や世界中に知られる日本の電化製品、IT機器を買うなら、ここはまさにパラダイスといえるでしょう。日本国内では、大型量販店やインターネットの普及で秋葉原でなければ手に入らない電化製品は減ってきましたが、勝手を知らない外国人にとっては、すべてが揃っている秋葉原は、なくてはならない場所なのです。

訪れる外国人の数もうなぎ上りです。その買い物風景はお国柄が出るようです。アメリカ人は思ったよりは値段が安くないことに不満をもらしながら日本でしか買えない新製品を見つけてご満悦。ヨーロッパからのお客様は自国より安い値段のついた商品を見つけては熱心に品定め。アジアの方々はさまざまな家電製品を、両手に持ちきれないほどお買い物です。

秋葉原の歴史は日本の戦後から現代にいたる高度経済成長、技術の進歩に対応して取扱商品を変化させ進化してきた、発展の日々そのものです。

아키하바라

일본의 수도, 도쿄에는 지금 세계의 톱 브랜드가 모여 있어 돈만 있으면 뭐든지 살 수 있습니다. 그중에서도 전기 제품을 찾는 분이라면 반드시 방문해야 하는 곳이, 아키바라고 정겹게 불리는 아키하바라의 거리입니다. 지금 온 세계에 알려져 있는 일본의 전기 제품, IT 기기를 구입하려고 한다면, 이곳이 바로 쇼핑의 천국이라고 할 수 있을 것입니다. 일본 국내에서는 양판점이나 인터넷의 보급으로 아키하바라가 아니면 못 사는 전기 제품은 줄어들었지만, 현지 상황을 잘 모르는 외국인들에게 모든 것이 갖추어져 있는 아키하바라는 없어서는 안 될 장소입니다.

방문하는 외국인 수도 계속 늘어나고 있습니다. 쇼핑하는 외국인들의 모습을 보면 나라마다 특징이 있는 것 같습니다. 미국 손님들은 생각보다 가격이 싸지 않은 것에 불평하면서도 일본에서만 살 수 있는 신제품을 찾을 수 있어 만족해 합니다. 유럽 손님들은 자국보다 값이 싼 상품을 찾아서 열심히 품질을 따집니다. 아시아 손님들은 여러 가전 제품을 양손에 들 수 없을 정도로 쇼핑을 합니다.

아키하바라의 역사는 일본의 전후부터 현대에 이르는 고도 경제성장, 기술 진보에 따라 취급 상품을 변화시켜 진화해온, 일신우일신의 정신을 나타냅니다. 1950년대 라디오 부품의 매장 판매에서 시작되어, 1960년대 가전 제품 전문점, 1990년대에는 컴퓨터 보급에 따라 컴퓨터 본체와 주변 기기 판매, 그 후 2000년대에는 애니메이션, 만화에서 탄생한 피규어, 코스프레 등의 대중문화 시대 등 계속해서 변해왔습니다.

ラオックス秋葉原本店
・千代田区外神田1-2-9
・03-3253-7111 ・10:00~19:00
・無休
라옥스 아키하바라 본점
・지요다구 소토칸다 1-2-9
・03-3253-7111 ・10:00~19:00
・무휴

AKKY本店
・千代田区外神田1-12-1
・03-5207-5027 ・9:30~20:00 ・無休
AKKY 본점
・지요다구 소토칸다 1-12-1
・03-5207-5027 ・9:30~20:00 ・무휴

東京アニメセンター
・千代田区外神田4-14-1秋葉原UDX4階 ・03-5297-7470
・11:00~19:00 ・月曜定休
도쿄 애니메이션 센터
・지요다구 소토칸다 4-14-1 아키하바라 UDX 빌딩 4층 ・03-5297-7470
・11:00~19:00 ・월요일 정기휴일

1950年代のラジオ部品の店頭販売から始まり、60年代の家電製品専門店街、90年代はパソコン普及に伴って本体と周辺機器の販売、その後2000年代のアニメ、コミック漫画から生まれたフィギュア、コスプレなどのポップカルチャーの時代と変わり続けてきました。

そして、今や、秋葉原の新時代を牽引しているのはオタクと呼ばれる、知識力が高く審美眼もあるプロ消費者です。ネガティブなイメージは昔のこと。あのスティーブ・ジョブズもれっきとした時代の先の先を目指したオタクだったともいえるのですから。

コスプレ喫茶が発展してお客様をご主人様、お嬢様と呼んでもてなし、癒してくれるメイドカフェも秋葉原名物です。現代版お座敷遊び(お酒の席で芸者たちが興を添える行為。歌を歌いながら三味線という楽器を演奏する芸者と、その傍らで踊りを踊る芸者がいる。また、芸者とお客とが多様で面白いじゃんけん遊びや、ごっこ遊びをしたりする)です。彼らがプロなら、あなたもお客様に徹して"もてなされ上手"にならなければいけません。

ジャパニーズクール、サブカルチャーの聖地秋葉原を、2020年の東京オリンピックで来訪する海

그리고, 현재 아키하바라의 신시대를 이끌어가는 것은 오타쿠라고 불리는 지식력이 높고 눈썰미도 있는 프로 소비자입니다. 부정적인 이미지는 옛날 이야기입니다. 그 유명한 스티브 잡스(Steve Jobs)도 시대를 앞서간 명백한 오타쿠였다고 할 수 있을 것입니다.

サブカルチャーの聖地秋葉原 오타쿠 문화의 성지 아키하바라

코스프레 카페가 발전하여 손님을 주인님이라고 부르며 마음까지 위로해주는 메이드 카페도 아키하바라의 명물입니다. 현대판 오자시키 아소비(술자리에서 게이샤들이 흥을 돋워주는 행위. 노래를 하면서 샤미센이라는 악기를 연주하는 게이샤와 그 옆에서 춤을 추는 게이샤가 있음. 또 게이샤와 손님이 다양하고 재미있는 가위바위보 놀이나 역할극 놀이를 같이 하기도 함)입니다. 메이드들이 프로페셔널인 만큼, 여러분도 손님 역할을 철저히 해서 제대로 시중을 받아야 합니다.

2020년에 열리는 도쿄 올림픽 때에는 많은 외국인 관광객들이 재패니즈 쿨, 오타쿠 문화의 성지인 아키하바라를 반드시 방문할 것입니다. 왜냐하면 외국에서 현재 일본 애니메이션에 열광하고 스포츠를 좋아하는 젊은이들도 그때쯤에는 이미 어른이 되어 있기 때문입니다. 그러면 지금부터 여러분께 이 거리를 돌아볼 수 있는 경로를 미리 소개해 드리겠습니다.

JR아키하바라역의 주말 이동 인구는 50만 명을 넘습니다. 역에 내리면 서두르지 말고 플랫폼이나 통로에 있는 전기 상점가 출구, 또는

ヨドバシAkiba
・千代田区神田花岡町1-1
・03-5209-1010 ・9:30~22:00 ・無休
요도바시 Akiba
・지요다구 칸다 하나오카초 1-1
・03-5209-1010 ・9:30~22:00 ・무휴

秋葉原ラジオセンター
・千代田区外神田1-14-2
・03-3251-0614
아키하바라 라디오 센터
・지요다구 소토칸다 1-14-2
・03-3251-0614

秋葉原電波会館
・千代田区外神田1-14-3
아키하바라 전파 회관
・지요다구 소토칸다 1-14-3

秋葉原ラジオ会館
・千代田区外神田1-15-16
아키하바라 라디오 회관
・지요다구 소토칸다 1-15-16

外観光客の多くも必ずや訪れるはずです。なぜなら、今、日本アニメに夢中でスポーツ好きな世界中の若者もその頃はすでに成長しているのですから。それではあなたにこの街の先取りルートをご紹介しましょう。

JR秋葉原駅の土日の乗降客は50万人を超えます。駅に降り立ったら、あわてずにプラットフォームや通路にある電気街口、あるいは英語「Electric Town」の表示に従って無事に改札口に到着します。地下鉄なら銀座線「末広町駅」、あるいは日比谷線「秋葉原駅」が最寄りとなります。

まずはJRの改札口を左へ出てください。左を見ると東西自由通路と書かれた通路が見えます。そこを通りぬけたらまた左へ。目の前にヨドバシカメラの目立つ建物が見えてきます。2005年に開店以来、人の流れを変えたとまでいわれています。電化製品に加えて、マッサージ店やゴルフ専門店までそろったショッピングセンターです。最上階のレストラン街も充実しています。ここだけで圧倒され満足してしまうお客様も多いのですが、ここからがガイドの腕のみせどころです。秋葉原の原点そして日々進化するアキバの魅力探訪トリップはここからです。

元気を出して東西自由通路に戻り、女性に喜ば

영어로 쓰인 'Electric Town'이라는 표시를 따라가면 쉽게 개찰구에 도착할 것입니다. 지하철로 간다면 긴자선 '스에히로초역', 또는 히비야선 '아키하바라역'이 가장 가깝습니다.

먼저 JR아키하바라역 개찰구에서 왼쪽으로 나가보십시오. 왼쪽을 보면 '東西自由通路(동서자유통로)'라고 표시된 통로가 보입니다. 그곳을 통과해서 다시 왼쪽으로 가면 바로 앞에 가전 양판점인, 'ヨドバシカメラ(요도바시 카메라)'라고 써 있는 건물이 보입니다. 2005년에 개점한 이후 사람의 흐름을 변화시켰다는 말까지 있습니다. 가전 제품뿐만 아니라, 마사지 숍이나 골프 전문점까지 갖추어진 쇼핑 센터입니다. 최상층에는 다양한 음식을 즐길 수 있는 식당가가 있습니다. 요도바시 카메라만 보고도 압도되어 만족해 하는 손님이 많지만 이제부터야말로 가이드의 실력을 발휘할 때입니다. 아키하바라의 원점, 그리고 나날이 진화하는 아키바의 매력을 찾는 여행은 이제부터 시작입니다.

기운을 내서 다시 동서자유통로로 되돌아갑니다. 여성들에게 인기가 많은 카페 등이 입점해 있는 역 빌딩(역과 연결된 건물) 아토레1을 오른쪽으로 하고 주오도리 길 방면으로 나갑니다.

아키하바라의 매력은 오래된 것과 새로운 것이 공존하는 데 있습니다. 전후 모습을 연상케 하는 것은 JR선 고가 아래에 있는 아키하바라 라디오 스토어(2013년 11월 30일에 폐점. 철거 부지에는 아키하바라의 정보를 발신하는 시설인 Assemblage가 있음), 아키하바라 라디오 센터, 아키하바라 전파 회관, 이 세 곳이 연결된 건물입니다. 미로처럼 좁은 복도가 뻗어 있습니다. 다 셀 수 없을 만큼 많은 상가가 카운터 하나만 두고 장사를 하고 있습니다. 라디오 부품 판매에서 시작해 전자 부품, 카메라, 공구, 일루미네이션 라이트, 발차 벨 스위치, 금속 탐지기, 반도체 등 모든 부품의 보물

れるカフェなどのある駅ビルアトレ1を右に見ながら中央通り方面へすすみます。

秋葉原の魅力は古いものと新しいものが重層的に存在していることにあります。戦後のようすを彷彿とさせる原点といえば、JR線高架下にあるラジオストア(2013年11月30日閉店。跡地には秋葉原の情報を発信する施設Assemblageがある)、ラジオセンター、電波会館の3つがつながった建物です。迷路のような細い通路が走っています。数えきれないほどの商店がカウンターひとつだけで商売を繰り広げています。ラジオ部品販売に始まり電子部品、カメラ、工具、イルミネーションライト、発車ベルスイッチ、金属探知機、半導体などありとあらゆる部品の宝庫です。技術と知識があれば7000円程度ここで部品を買い揃えればPC1台の組み立ても可能だそうです。ここでは電気で動くものはなんでも手にはいります。ひとつだけ買えないものは? さて? 答え:電気椅子! このジョークはひんしゅくを買うのであまりおすすめしません。

さて電気製品からはなれて、中央通りに戻りましょう。緑色の高架線に沿って中央通りを横切り、そのまま細い道を線路と平行に直進し、一つ目の角を右に曲がると、お待ちかねのオタクの聖地、クールジャパンのメッカ、ロボットやフィギュアの専門店が目の前に広がります。メイドカフェのPR·呼び込みメイドさんもあなたを笑顔で迎えてくれるでしょう。路上でのメイドさんの写真撮影はご法度なのでご注意ください。彼女らは肖像権を持っているプロ集団です。

この通りの先、左側にホビーショップの老舗「コトブキヤ」で、日本のサブカルチャーの双璧であるアニメとコミックスのヒーロー、ヒ

창고입니다. 기술과 지식만 있다면 여기서 7000엔 정도의 부품을 구입해 PC 1대를 조립하는 것도 가능하다고 합니다. 여기에서는 전기로 작동하는 것은 무엇이든지 살 수 있습니다. 그런데 한 가지 못 사는 것은 무엇일까요? 답: 전기 의자! 이 농담은 빈축을 살 테니까 별로 권하지 않습니다.

그러면 전기 제품을 떠나서 주오도리 길로 되돌아갑시다. 녹색의 고가선로를 따라 주오도리 길을 횡단하여 그대로 좁은 길 선로를 직진합니다. 그리고 첫 번째 모퉁이를 오른쪽으로 돌면 애타게 기다리던 오타쿠의 성지, 쿨 재팬의 중심지, 로봇·피규어 전문점이 눈앞에 펼쳐집니다. 메이드 카페를 홍보하거나 손님을 끌어들이는 메이드들이 미소 띤 얼굴로 여러분을 맞이할 것입니다. 길거리에서 메이드의 사진을 찍는 것은 금지되어 있으니 주의하세요. 그녀들은 초상권을 가지고 있는 프로페셔널 집단입니다.

さまざまな衣裳を楽しむ若者たち
다양한 의상을 입고 즐기는 젊은이들

アニメ、コミックなどのフィギュアが並ぶ
애니메이션, 만화책 등의 피규어가 진열되어 있다

コトブキヤ秋葉原館
・千代田区外神田1-8-8
・03-5298-6300 ・10:00~20:00 ・無休
고토부키야 아키하바라관
・지요다구 소토칸다 1-8-8
・03-5298-6300 ・10:00~20:00 ・무휴

ロインのフィギュアを見ていただきたいものです。その精巧な仕上がりを一目見れば人気の秘密がわかります。マンガ本やアニメなど2次元の憧れの主人公たちが3次元になって目の前であなたをみつめているのです。手足や胴体もあなたの好きなように動かしてポーズを変えることもできるものもあります。もしかしたらはまってしまうかもしれません。

モノづくりの最先端技術の宝庫の街、秋葉原はオタクだけの世界にしていてはもったいないのです。なぜか入ってゆくのに勇気のいるところばかりですが、一歩を踏み出せば楽しい世界が待っています。

그 앞 길 왼쪽에는 전통 있는 완구점인 고토부키야가 있는데 일본 오타쿠 문화의 쌍벽인 애니메이션과 코믹 만화의 히어로, 히로인의 피규어를 보셨으면 합니다. 그 정교한 완성도를 한번 보면 인기의 비밀을 알게 될 것입니다. 만화나 애니메이션 등 동경하는 2차원의 주인공들이 3차원이 되어 눈앞에서 당신을 응시하고 있는 것입니다. 여러분이 원하는 대로 손발과 몸체를 움직여 자세를 바꿀 수 있는 것도 있습니다. 어쩌면 그 매력에 빠지게 될지도 모르겠습니다.

최첨단 기술로 물건을 만드는 데 유명한 거리인 아키하바라는 오타쿠만의 세계로 두기에는 너무 아깝습니다. 들어가는 데 왠지 용기가 필요한 곳이 많지만, 한 걸음을 내디디면 즐거운 세계가 당신을 기다리고 있습니다.

9 現代アートとトレンドの街: 六本木

현대 아트와 트렌드의 거리 : 롯폰기

青山一丁目方面 ↑
아오야마 1초메 방면

乃木坂駅
노기자카역

国立新美術館
국립신미술관

千代田線
지요다선

↙
明治神宮前 · 代々木上原方面
메이지진구마에 · 요요기우에하라 방면

六本木トンネル
롯폰기 터널

六本木駅
롯폰기역

日比谷線
히비야선

六本木ヒルズタワー
롯폰기힐스타워

六本木ヒルズ
롯폰기힐스

けやき坂通り
게야키자카도리 길

麻布十番商店街
아자부주반 상점가

暗闇坂
구라야미자카

BLUE&WHITE
블루&화이트

目黒 · 日吉方面 ↙
메구로 · 히요시 방면

→ 二重橋前 · 綾瀬方面
니주바시마에 · 아야세 방면

サントリー美術館
산토리 미술관

東京ミッドタウン
도쿄미드타운

六本木駅
롯폰기역

六本木通り
롯폰기도리 길

日比谷線
히비야선

外苑東通り
가이엔히가시도리 길

↘
霞ヶ関方面
가스미가세키 방면

鳥居坂下
도리이자카시타

都営大江戸線
오에도선

↑市ヶ谷 · 浦和美園方面
이치가야 · 우라와미소노 방면

豆源
마메겐

麻布十番駅
아자부주반역

↘ 大門 · 両国方面
다이몬 · 료고쿠 방면

南北線
난보쿠선

六本木

このエリアを歩くと外国人の多さにびっくりです。東京の中にあるもっとも国際色あふれる街、それが六本木です。東京にある130余りの大使館の半分以上がこの界隈に集っています。とはいえ江戸の頃は多くの寺と大名屋敷のある坂の多い一帯でした。暗闇坂、狸穴などの地名からも想像できる静かなところだったのが、今や話題の新名所と不夜城·歓楽街で世界にその名を知られるようになりました。

ツアーで体験した六本木の夜をご紹介しましょう。韓国への正式訪問を控えて、お忍びで日本に立ち寄った中東のとある国の皇太子は六本木のカラオケバーに行きたいとのこと。VIPルームにお座りになったままでしたが、同行したガイドである私に歌をご所望されました。カーペンターズとダイアナロスの2曲を披露させていただきました。皇太子に褒めていただいたこの2曲は今でも得意のマイソングです。

2002年日韓共催のワールドサッカーでデビッド·ベッカム率いるイングランドチームを応援するために訪日したサポーターツアーの面々は、カラオケルームで夜中の3時過ぎまで、テーブルに上がっ

暗闇坂 暗闇坂は、港区麻布十番2丁目から元麻布3丁目に向かって上る坂で、当時は木がうっそうと茂り、昼間でも暗かった。同じく麻布台2丁目あたりを江戸初期には狸穴と呼んだ。この地にアナグマが生息していたらしい。

구라야미자카 구라야미자카는 미나토구 아자부주반 2초메부터 모토아자부 3초메로 향해서 올라가는 비탈길인데 에도 시대에는 나무가 울창하게 우거져 낮에도 어두웠다. 에도 시대 초기에는 아자부다이 2초메 주변을 마미아나라고 불렀다. 이 주변에는 오소리가 서식했다고 한다.

롯폰기

暗闇坂 구라야미자카

이 지역을 걷다 보면 외국인이 많은 데 놀랄 것입니다. 도쿄에서 가장 여러 나라 사람들이 많은 거리, 그곳이 바로 롯폰기입니다. 도쿄에 있는 130여 개 대사관 중 절반 이상이 이 부근에 모여 있습니다. 그렇지만 에도 시대에는 많은 절과 무가의 저택이 있고 비탈길이 많은 일대였습니다. 구라야미자카(어두운 비탈길), 마미아나(너구리 구멍) 등의 지명에서도 상상할 수 있듯이 조용한 곳이었는데 지금은 떠오르는 화제의 명소와 불야성을 이루는 유흥가로 세계에 알려져 있습니다.

투어 가이드 중에 겪었던 롯폰기의 밤을 즐기는 방법을 소개합니다. 한국 공식 방문을 앞두고 몰래 일본에 들른 중동 모 나라 황태자가 롯폰기에 있는 가라오케바에 가고 싶어 했습니다. VIP룸에서는 앉아 있기만 했는데 같이 간 가이드인 나에게 노래를 불러달라고 부탁했습니다. 카펜터스(Carpenters)와 다이애나 로스(Diana Ross)의 두 곡을 불렀습니다. 황태자가 칭찬해준 그 두 곡은 지금도 가장 자신 있는 애창곡입니다.

2002년 FIFA 한일 공동 개최 월드컵 때 데이비드 베컴(David Beckham)이 이끄는 잉글랜드 팀을 응원하러 일본에 온 응원단 멤버들은 노래방에서 열린 승리를 축하하는 파티에서 새벽 3시가 넘도록 테이블 위에 올라가 춤을 추고 노래를 부르며 떠들어댔습니다. 팀이 승리하는 동안

てダンスに歌にと勝利を祝うパーティーで大騒ぎ。チームが勝ち続ける間はサポーターも応援のために北海道から茨城と転々と追っかけをしていました。ところがイングランドチームが準々決勝でブラジルに負けた静岡スタジアムですべては終わりました。サポーターを乗せた大型バスは夜中の東名高速をひた走り、東京のホテルへ着いたのは午前2時近く。翌日には帰国の途につかれたのでした。

六本木の夜を楽しんだ翌日は、集合時間に遅刻、あるいは二日酔いでツアーを欠席する人もたまにいます。モーニングコールなどまるで効果なく、ドアを叩いてもまだ目を覚まさない御仁には、ホテルのマネージャーがマスターキーでドアを開ける強行手段に出ることもたまにあります。六本木にまつわる夜の思い出には事欠きません。

最近、夜の顔とはまったく違った新たな魅力ある新名所が加わりました。再開発により誕生した六本木ヒルズと東京ミッドタウンです。その建物群の最新のデザイン、天空にある美術館、波打つガラスの美術館、路上や建物内で観賞できる海外著名作家によるアートの数々、グルメをうならせる有名レストランやカフェと、何度でも訪れたくなる魅力満載の地区として注目されています。

国立新美術館

千代田線乃木坂駅から地上へ出れば1分、そこは波がうねるような曲線を描くガラスの壁が印象的な日本で5番目の国立の美術館、国立新美術館です。自然との共生を提唱した建築家·黒川紀章のデザイン

은 응원단 멤버들도 응원하러 홋카이도, 이바라키 등 여기저기를 쫓아 다녔습니다. 하지만 잉글랜드 팀이 준준결승에서 브라질에 진 시즈오카 스타디움에서 모든 것은 끝이 나버렸습니다. 응원단을 태운 대형 버스가 한밤중에 도메이 고속도로를 계속 달려 도쿄에 있는 호텔에 도착했을 때는 오전 2시에 가까운 시간이었습니다. 응원단은 다음 날 귀국길에 올랐습니다.

롯폰기의 밤을 즐긴 다음 날 아침에는 집합 시간에 지각하거나 숙취로 투어에 결석하는 사람도 가끔 있습니다. 모닝콜 따위는 전혀 효과가 없고, 문을 두드려도 깰 기미조차 보이지 않는 분에게는 호텔 매니저가 마스터키로 문을 여는 강경 수단을 취하는 일도 가끔 있습니다. 롯폰기에 관한 밤의 추억 이야깃거리는 끝이 없습니다.

최근에는 밤의 표정과 전혀 다른 새로운 매력이 있는 명소가 생겼습니다. 재개발로 인해 탄생한 롯폰기힐스와 도쿄미드타운입니다. 그 건물들의 최첨단 디자인, 마치 천공에 있는 듯한 미술관, 파도가 치는 것 같은 유리벽이 있는 미술관, 길거리와 건물 안에서 감상할 수 있는 세계적으로 유명한 작가들의 수많은 예술 작품, 미식가들도 인정하는 유명 레스토랑이나 카페 등이 있어서 몇 번이고 찾고 싶은 매력이 넘치는 지역으로 주목을 받고 있습니다.

국립신미술관

지요다선 노기자카역을 나가서 1분 정도 걸으면 그곳에는 파도가 치는 듯한 곡선의 유리벽이 아주 인상적인 일본의 다섯 번째 국립미술

国立新美術館
・港区六本木7-22-2
・03-577-8600 ・10:00~18:00
・火曜定休(火曜が祝日の場合は開館、翌日休み)
국립신미술관
・미나토구 롯폰기 7-22-2
・03-577-8600 ・10:00~18:00
・매주 화요일 휴관(공휴일인 경우 개관, 그다음 날 휴관)

です。建物の内部へ入りましょう。透明なガラスのカーテンのようにゆらめく壁越しに眺められる前庭の景観の広がりは圧巻です。まるで森の中にいるような感覚です。新しい視点でさまざまな企画を立て、主に現代美術を発信してゆく美術館です。建物の斬新さ、充実したミュージアムショップも魅力的です。

東京ミッドタウン

国立新美術館を出て左へ5分ほど歩くと東京ミッドタウンです。旧防衛庁跡地に高さ248メートル、54階建のミッドタワーを含めて6棟の建物、敷地の40%を占めるオープンスペースには芝の広場が憩いの場を提供しています。基本デザインはアメリカのスキッドモア・オーウィングズ・アンド・メリル社(Skidmore, Owings & Merrill, 略称 SOM)。ニューヨークのグラウンドゼロのフリーダムタワーを手がけるアメリカ大手建築事務所です。

向かって左側に建つギャラリアの中、3階にサントリー美術館の入り口があります。国宝を含む日本の古美術約3000点を収蔵しています。同じく3階のお箸専門店箸長ではしゃれたケースに入った環

サントリー美術館
・港区赤坂9-7-4東京ミッドタウンガーデンサイド
・03-3479-8600
・10:00~18:00(日曜・月曜・祝日)
・10:00~20:00(水~土曜)
・火曜定休
산토리 미술관
・미나토구 아카사카 9-7-4 도쿄미드타운 가든 사이드
・03-3479-8600
・10:00~18:00(일요일・월요일・공휴일)
・10:00~20:00(수~토요일)
・매주 화요일 휴관

관, 국립신미술관이 있습니다. 자연과의 공생을 제창한 건축가, 구로카와 기쇼가 설계한 것입니다. 건물 안으로 들어갑시다. 투명한 유리 커튼처럼 흔들리는 벽 너머로 보이는 앞마당의 경관이 압권입니다. 마치 숲 속에 있는 듯한 느낌이 듭니다. 새로운 시점으로 여러 계획을 세워 주로 현대 미술을 발신해가려고 하는 미술관입니다. 건물의 참신함과 충실한 뮤지엄 숍도 매력적입니다.

国立新美術館 국립신미술관

도쿄미드타운

국립신미술관을 나와 왼쪽으로 5분 정도 걸으면 도쿄미드타운이 있습니다. 구방위청 건물 자리에 높이 248m, 54층의 미드타워를 포함해서 6개 건물, 부지 면적 40%에 달하는 열린 공간에는 잔디 광장이 쉼터를 제공하고 있습니다. 기본적인 디자인은 미국의 스키드모어, 오윙스 앤드 메릴(Skidmore, Owings & Merrill) 사가 맡았습니다. 뉴욕에 있는 그라운드제로 프리덤타워를 설계한 미국 대규모 건축 설계 회사입니다.

건물 왼쪽에 있는 갤러리아 3층에 산토리 미술관 입구가 있습니다. 국보를

東京ミッドタウン 도쿄미드타운

箸長
・港区赤坂9-7-1ガレリア 3階
・03-5313-0392 ・11:00~21:00
하시초
・미나토구 아카사카 9-7-1 갤러리아 3층
・03-5313-0392 ・11:00~21:00

境に優しい持ち歩き専用のマイ箸などいかがでしょうか。サントリー美術館の6階にはお茶室玄鳥庵があり、月に2回、木曜日にはお手前を楽しみながら抹茶がいただけます。高級品を扱っている店舗やレストランが目立つ複合商業施設ですが、分かりやすいレイアウトです。ゆったりとした通路を歩けば、都会で味わう極上の生活に必要なものが見つかること受合いです。

六本木ヒルズ

東京ミッドタウンから六本木交差点を目指し、右へ曲がって左側、薄い水色に輝く森ビルが見えてきます。200以上のお店、ホテル、住居、映画館、テレビ局、日本庭園、美術館などが集った複合商業施設の草分け的存在の六本木ヒルズです。ここ六本木6丁目はゆるやかに下る何本かの坂の周りに金魚屋さんなど数百の家々が集まっていた庶民の住宅地でした。17年を経て全住民が立ち退き、その12ヘクタール弱の空間に登場した東京の新名所です。

開業して3日目にグループを案内した筆者は、あまりの複雑な建物の配置に、思わず案内の専門ガ

포함한 일본 고미술 작품 약 3000점을 소장하고 있습니다. 같은 3층에 있는 젓가락 전문점 하시초에서 멋스러운 케이스에 수납이 가능한 친환경 휴대 전용 젓가락을 구입하는 것은 어떻습니까? 산토리 미술관 6층에는 다실 겐초안이 있고, 한 달에 두 번, 목요일에 다도 예법을 즐기면서 가루 녹차를 마셔볼 수 있습니다. 고급품을 취급하는 점포와 고급스러운 레스토랑이 눈에 띄는 복합 상업 시설이지만 알기 쉬운 구조입니다. 느긋하게 통로를 걷고 있다 보면 도시에서 맛보는 최상의 생활에 필요한 물건들을 꼭 찾아낼 수 있을 것입니다.

롯폰기힐스

도쿄미드타운에서 롯폰기 교차로 쪽을 향해 오른쪽으로 돌면 왼쪽에 옅은 하늘색으로 빛나는 모리 빌딩이 보입니다. 200개가 넘는 가게들, 호텔, 주택, 영화관, TV 방송국, 일본정원, 미술관 등이 모여 있는 복합 상업 시설의 시초가 된 롯폰기힐스입니다. 이곳 롯폰기 6초메는 몇 개의 완만한 내리막길을 중심으로 금붕어 가게와 수백 채의 집들이 모여 있던 서민 주거 지역이었습니다. 17년에 걸쳐 주민들이 모두 떠난 후, 약 12ha의 공간에 등장한 도쿄의 새로운 명소입니다.

六本木ヒルズ 롯폰기힐스

イドさんになぜこのように分かり難いのかと尋ねたのです。すると答えは、迷ってしまったと不安になったときにふと出合うショップや風景を楽しむ、かくれんぼのドキドキを味わっていただきたいからとのこと。読者の皆様もしっかりと迷って、思ってもみなかったスポットの発見を楽しんでください。

母への憧れを表した20個の白い卵を抱く蜘蛛の彫刻「ママン」をはじめ20余りあるパブリックアートを発見するのも六本木ヒルズの楽しみのひとつです。おすすめは遠方に東京タワーを借景として凛と立つ赤いバラのオブジェです。蜘蛛の彫刻のすぐ近くにあります。

中央にそびえる森ビルの53階には天空の美術館と称される森美術館があります。52階には海抜250メートルから東京を360度見渡せる東京シティビューがあります。1300万人が住む東京の絶景を堪能してください。夜間と昼間の人口の差は300万人。周辺の都市を含むと3000万人近くが住む東洋一のメガロポリスです。東京タワーが手にとるように近くに見え、季節に合わせて色を微妙に変えるレインボーブリッジの先には未来都市のような臨海副都心が広がります。変わりゆく東京を実感する展望フロアです。2008年、海抜270メートルの

森美術館
・港区六本木6-10-1六本木ヒルズ森タワー53階
・03-5777-8600
・10:00~22:00(月曜・水~日曜)
・10:00~17:00(火曜)

모리 미술관
・미나토구 롯폰기 6-10-1 롯폰기힐스 모리 타워 53층
・03-5777-8600
・10:00~22:00(월요일・수~일요일)
・10:00~17:00(화요일)

シティビュー
・港区六本木6-10-1六本木ヒルズ森タワー52階
・03-6406-6652
・10:00~23:00(金曜・土曜・休前日は25時まで)
・11:00~20:00(スカイデッキ)

도쿄 시티 뷰
・미나토구 롯폰기 6-10-1 롯폰기힐스 모리 타워 52층
・03-6406-6652
・10:00~23:00(금요일・토요일・공휴일 전날은 25시까지)
・11:00~20:00(스카이 데크)

개업한 지 사흘째에 여행객들을 안내한 필자는 너무나도 복잡한 건물 배치에 저도 모르게 롯폰기힐스의 안내 데스크 담당자에게 왜 이렇게 어려운지를 물어봤습니다. 그러자 그분이 대답하기를 길을 잃어버려서 불안할 때 우연히 눈에 띄는 가게들과 풍경을 숨바꼭질하는 기분으로 맛보게 하기 위함이라고 했습니다. 독자 여러분도 한 번쯤은 길을 잃고 헤매다가 생각지도 못한 장소를 발견하는 즐거움을 느껴보십시오.

어머니에 대한 동경을 표현한 작품인 20개의 하얀 알을 품은 거미 조각 「마망」을 비롯해 20여 개의 퍼블릭 아트를 찾는 것도 롯폰기힐스를 즐기는 방법 중 하나입니다. 추천하고 싶은 것은 멀리 보이는 도쿄 타워를 배경으로 늠름하게 서 있는 빨간 장미 오브제입니다. 거미 조각 바로 옆에 있습니다.

중앙에 솟아 있는 모리 빌딩 53층에는 천공의 미술관이라고 불리는 모리 미술관이 있습니다. 52층에는 해발 250m에서 도쿄를 360도 바라볼 수 있는 도쿄 시티 뷰가 있습니다. 1300만 명이 살고 있는 도쿄의 절경을 만끽해보십시오. 밤과 낮의 인구수 차이는 300만 명. 주위 도시를 포함하면 3000만 명 가까운 사람들이 살고 있는 아시아 제일의 메갈로폴리스입니다. 도쿄 타워가 손에 잡힐 듯이 가까이에 보이고 계절에 맞게 조명 색을 조금씩 바꾸는 레인보우 브릿지 앞쪽에는 미래도시 같은 도쿄 임해 부도심이 펼쳐집니다. 변해가는 도쿄를 실감할 수 있는 전망대입니다. 2008년 해발 270m의 스카이 데크가 문을 열었습니다. 도쿄 제일의 높이를 자랑하는 공중 회랑에 불어오는 바람과 눈 아래에 펼쳐지는 대도시의 전경은 각별합니다. 고소 공포증이 없는 분은 꼭 가보시길 바랍니다.

スカイデッキがオープンしました。都内随一の高さを誇る空中回廊に吹く風と、眼下に広がる大都会の眺めは格別です。高所恐怖症でない方は、ぜひ試してみてください。

麻布十番

六本木ヒルズは坂の斜面に建設されたので、中央を通り抜けるけやき坂通りは400メートルのなだらかな坂になっています。坂の所々に小さい水平な場所があります。高齢者や車椅子の方へのやさしいバリアフリーの休憩の場になっています。この坂を下り切って交差点を右へ曲がり、一の橋方面へ歩き、すぐに右へ斜めに入る狭い道に進みます。麻布十番商店街です。ベーカリー、スーパー、花屋、雑貨屋、魚屋、食器屋などなど、庶民が毎日買い物に訪れます。ここは皇居から直線で2.6キロほどしか離れていません。都心のホテルに滞在中、庶民の暮らしぶりを見たいという外国の方には最適な商店街です。

左側に豆菓子専門店豆源のある十字路を右へ曲がり直進すると、藍染工芸品や和物専門店Blue and Whiteがあります。合わせて10人の子供を持つ3人

豆源
・港区麻布十番1-8-12
・03-3583-0962 ・10:00~20:00
・火曜不定休
마메겐
・미나토구 아자부주반 1-8-12
・03-3583-0962 ・10:00~20:00
・화요일 임시휴일

BLUE&WHITE
・港区麻布十番2-9-2
・03-3451-0537 ・10:00~18:00
・日曜・祝日定休
블루&화이트
・미나토구 아자부주반 2-9-2
・03-3451-0537 ・10:00~18:00
・일요일・공휴일 정기휴일

아자부주반

롯폰기힐스는 비탈길 경사면에 세워졌기 때문에 중앙을 통과하는 게야키자카도리 길은 400m 정도 되는 완만한 비탈길로 되어 있습니다. 그 비탈길 곳곳에 작고 평탄한 장소가 있습니다. 고령자와 휠체어를 이용하는 분들을 배려한 휴식 공간으로 활용되고 있습니다. 이 비탈길을 끝까지 내려가서 교차로를 오른쪽으로 돌아 이치노하시 방면으로 걸어가다가 바로 오른쪽으로 보이는 좁은 길을 따라갑니다. 그곳이 바로 아자부주반 상점가입니다. 빵집, 슈퍼, 꽃집, 잡화점, 생선 가게, 그릇 가게 등이 있어 사람들이 매일 장을 보러 옵니다. 이곳은 황거에서 직선으로 2.6km 정도밖에 떨어져 있지 않습니다. 도쿄 중심지의 호텔에 머물면서 서민들의 생활 모습을 보고 싶어 하는 외국인에게 가장 괜찮은 상점가입니다.

豆源 마메겐

왼쪽에 콩과자 전문점 마메겐이 있는 사거리를 따라 오른쪽으로 돌아서 가면 쪽 염색 공예품과 일본 전통 물품 전문점, 블루&화이트가 있습니다. 모두 10명의 아이들이 있는 여성 세 분이 일본 전통미에 눈을 떠, 그를 전하고자 일본 전통 공예

BLUE&WHITE 블루&화이트

の女性が日本の伝統美に目覚め、それを伝えたいと和の工芸品のみを扱うお店を1975年に始めました。周辺の大使館の在日外交官に絶大な人気があり、大使夫人もよく訪れるとのことです。

十番商店街からは徒歩3分ほどで地下鉄南北線、大江戸線の麻布十番駅です。毎年、8月の終わりには、周辺は麻布十番納涼祭りでにぎわいます。六本木から麻布十番エリアは、アクセスも便利になった東京の新名所です。

품만을 취급하는 가게를 1975년에 열었습니다. 주변에 있는 대사관의 재일 외교관들에게 인기가 많아 대사 부인들도 자주 찾는 곳이라고 합니다.

아자부주반 상점가에서 3분 정도 걸어가면 지하철 난보쿠선과 지하철 오에도선 아자부주반역이 있습니다. 매년 8월 말경에는 주변이 온통 아자부주반 납량 축제로 들썩입니다. 롯폰기에서 아자부주반 지역은 접근성이 뛰어난 도쿄의 신명소입니다.

10 日本のシンボル: 皇居

일본의 상징: 황거

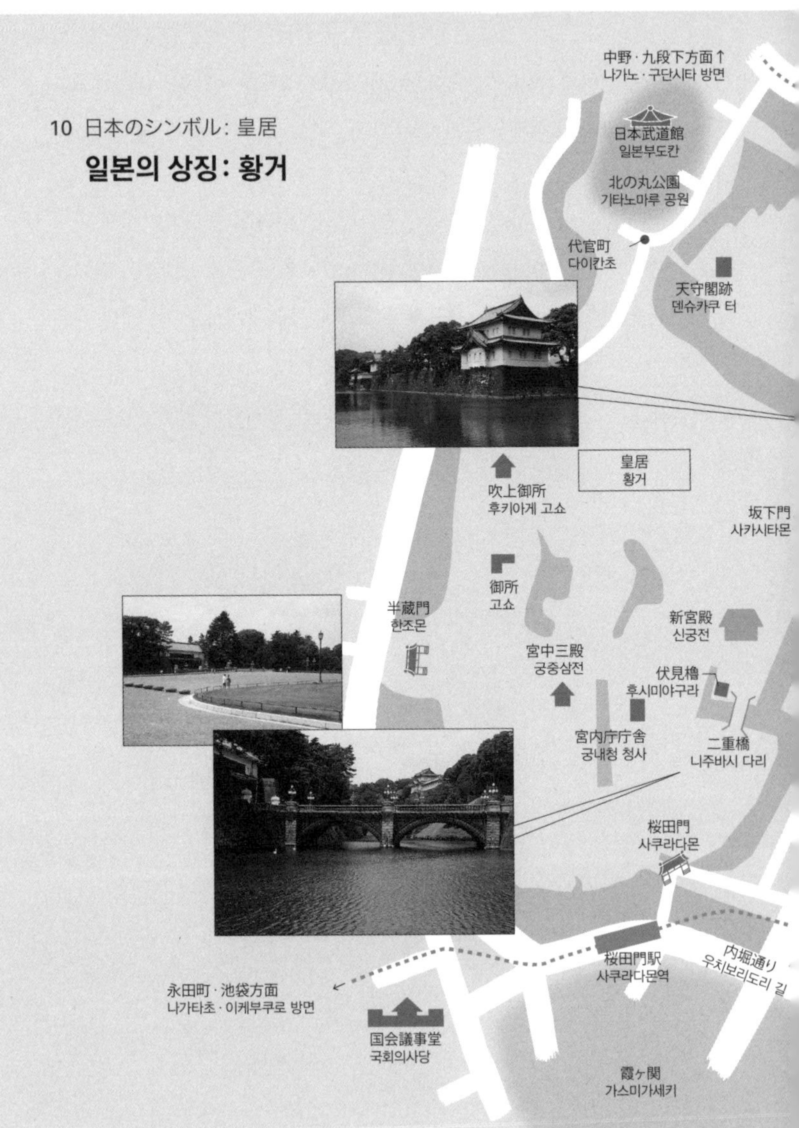

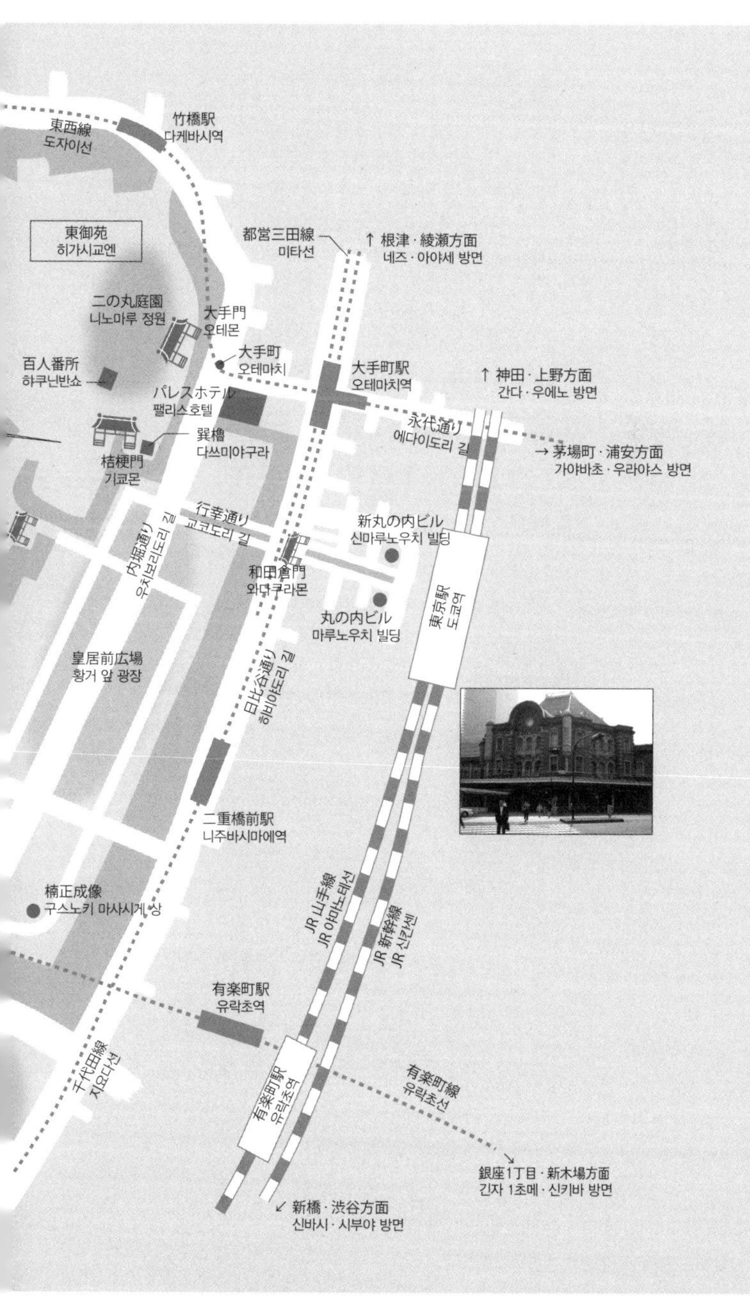
東西線
도자이선
竹橋駅
다케바시역
東御苑
히가시교엔
都営三田線
미타선
↑ 根津 · 綾瀬方面
네즈 · 아야세 방면
二の丸庭園
니노마루 정원
大手門
오테몬
大手町
오테마치
百人番所
하쿠닌반쇼
大手町駅
오테마치역
↑ 神田 · 上野方面
간다 · 우에노 방면
パレスホテル
팰리스호텔
巽櫓
다쓰미야구라
永代通り
에다이도리 길
→ 茅場町 · 浦安方面
가야바초 · 우라야스 방면
桔梗門
기쿄몬
行幸通り
교코도리 길
内堀通り
우치보리도리 길
新丸の内ビル
신마루노우치 빌딩
和田倉門
와다쿠라몬
丸の内ビル
마루노우치 빌딩
東京駅
도쿄역
皇居前広場
황거 앞 광장
日比谷通り
히비야도리 길
二重橋前駅
니주바시마에역
楠正成像
구스노키 마사시게 상
JR 山手線
JR 야마노테선
JR 新幹線
JR 신칸센
有楽町駅
유락초역
千代田線
지요다선
有楽町駅
유락초역
有楽町線
유락초선
銀座1丁目 · 新木場方面
긴자 1초메 · 신키바 방면
↙ 新橋 · 渋谷方面
신바시 · 시부야 방면

皇居
・千代田区千代田1-1
・03-3213-1111(宮内庁管理部参観係)
・参観には事前申し込みが必要。
황거
・지요다구 지요다 1-1
・03-3213-1111(궁내청 관리부 참관계)
・참관에는 사전 신청이 필요.

皇居

皇居とは天皇がかかわるさまざまな公的行事が行われる新宮殿、天皇皇后両陛下の御住まいの御所、皇室の重要な儀式が行われる宮中三殿、昭和天皇の御住まいだった吹上御所、宮内庁庁舎、皇宮警察本部などがある地域の総称です。北には科学技術館やビートルズの日本初公演で有名になった武道館がある北の丸公園。一般公開している東御苑はその名の通り東側に広がります。南にはいつもハイスピードで通り過ぎる車やバスで混雑している内堀通りが東京タワーに向かって一直線に伸びています。

皇居の周囲約5キロのゆるやかな起伏に富む歩道からはお堀と石垣、芝が植えられた土塁、豊かな森が眺められます。都内随一ののびやかな気分が味わえる景観です。このコースには皇居への出入りに使用される数箇所の門がありますが、信号はひとつもありません。というわけでジョギングにはもってこい。わざわざ電車に乗ってやってくる人もいるほどです。休日にはマラソン大会もよく行われます。緑豊かな約115万平方メートルの皇居には奇跡のように貴重な自然が残されており、毎日500万台近くの車輌が走り回る大都会東京の大気

황 거

황거라는 곳은 천황과 관계된 여러 가지 공식적 행사가 열리는 신궁전, 천황 황후 내외분이 사는 고쇼, 황실의 중요한 의식을 치르는 궁중삼전, 쇼와 천황이 살았던 후키아게 고쇼, 궁내청 청사, 황궁경찰본부 등이 있는 지역의 총칭입니다. 북쪽은 과학기술관과 비틀즈의 일본 첫 공연으로 유명해진 일본부도칸이 있는 기타노마루 공원이 있고, 일반인에게 공개하고 있는 히가시교엔은 그 이름대로 동쪽에 자리 잡고 있습니다. 남쪽으로는 항상 빠르게 지나가는 자동차나 버스로 번잡한 우치보리도리 길이 도쿄 타워를 향해 일직선으로 뻗어 있습니다.

황거를 둘러싼 약 5km의 완만한 기복을 이루는 보도에서는 넓직한 보도에서부터 해자와 돌담, 잔디가 심어져 있는 토담, 무성하게 우거진 숲을 볼 수 있습니다. 도쿄 시내에서 제일 느긋한 기분이 되는 경관

宮城 天皇のふだんの居所、現在は皇居と呼ぶ。
궁성 천황의 평소 거처, 현재는 황거라고 부른다.

清浄化にわずかながら貢献しているかもしれません。バブル経済絶頂期の1980年代後半には皇居の地価はカリフォルニア州全体の地価に匹敵するとまでいわれました。皇居でなければとっくに開発が進み、今頃は高層ビルが林立する地帯になっていたかもしれません。

ここは日本のおへそ、この国の歴史を形作った2つの大きな権力と権威を代表する徳川家と天皇家が400年余りの間、代々継承してきた千代田区千代田1丁目1番地の1です。

天皇は宮城に住み神聖なる儀式を執り行い、将軍は宮城および地方の警備、軍事や紛争の調停、裁判などを担うという二極制が始まったのは12世紀です。その後800年近く、この体制が、緊張感をはらんだ対立、確執と和解を繰り返しながら継続したのです。そして将軍と武士階級の最後の舞台となったのがこの地です。日本人の得意とする何事にも中道を行くバランス感覚のおかげなのでしょうか、江戸は将軍と天皇をそれぞれ奉る両陣営の戦場になる一歩手前で踏みとどまりました。トップ会談が開かれ、将軍が江戸城を去り、江戸城の無血開城が実現されました。将軍の城から新宮城へと姿を変えることになった1868年のことでした。

입니다. 이 코스에는 황거 출입에 사용되는 문이 몇 군데 있는데 신호등은 하나도 없습니다. 그래서 조깅하기에 딱 좋습니다. 일부러 전철을 타고 오는 사람도 있을 정도입니다. 휴일에는 마라톤 대회도 자주 열립니다. 초목이 우거진 약 115만m^2의 황거에는 기적처럼 귀중한 자연 공간이 많이 남아 있어서 매일 500만 대 가까운 차량이 다니는 대도시 도쿄의 대기 청정화에 조금이나마 공헌을 하고 있는 것 같습니다. 거품 경제 절정기인 1980년대 후반에는 황거의 땅값이 캘리포니아 주 전체에 해당된다는 말까지 있었습니다. 황거가 없었으면 훨씬 전에 개발이 되어 지금쯤 고층 빌딩 숲이 되어 있었을지도 모르겠습니다.

여기는 지요다구 지요다 1초메 1번지의 1입니다. 이곳은 바로 일본의 핵심지이고, 일본 역사를 이루었으며 거대 권력과 권위를 대표하는 두 가문, 도쿠가와 가문과 그 뒤를 이은 천황 가문이 400년가량 대대로 계승해온 땅입니다.

천황 가문이 궁성에 살면서 신성한 의식을 집행하고, 장군이 궁성 및 지방의 경비, 군사, 분쟁을 조정하고 재판 등을 맡는 이중 체제가 시작된 것은 12세기였습니다. 그 후 800년 가깝게 이 체제가 대립, 갈등과 화해를 반복하면서 계승되어온 것입니다. 그리고 장군과 무사 계급의 마지막 무대가 된 곳이 이 땅입니다. 만사에 중도를 걷는 일본인들의 균형 감각 덕분에 장군과 천황 양쪽 진영이 전쟁이 일어나기 일보 직전에 멈출 수 있어서 에도 성의 무혈 양도가 실현되었습니다. 에도 성에서 양쪽 진영의 회담이 열린 결과, 장군이 에도 성을 떠나게 되었습니다. 장군의 성에서 신궁전으로 탈바꿈하게 된 것은 1868년의 일이었습니다.

東京駅丸の内 도쿄역 마루노우치

皇居前広場の黒松
황거 앞 광장의 검은 소나무

江戸城

まずは1590年から260年余り、徳川幕府の本拠地であった江戸城の正面玄関を目指しましょう。15世紀に太田道灌が建てた江戸城は、徳川家康から3代家光までの100年間余りで日本最大の城郭に変貌しました。城の周りを「の」の字を描くように渦巻状に堀が造られ全長は26キロ近くになりました。外堀はかなり埋め立てが進みましたが、内堀は今でも皇居を取り巻き、水辺には白鳥や鴨がのんびりと泳いでいます。周辺の交通渋滞でいらいらしているドライバーにひとときの安らぎを与えています。

JR東京駅赤レンガ駅舎、丸の内中央口から出て、目の前に建つ再開発で新しくなった丸の内ビルディングや新丸の内ビルディングの間の大通りを真っすぐ進めばお堀のある交差点。なおも真っすぐ歩くとお目当ての皇居前広場です。形よく剪定された黒松を見て盆栽と間違える外国人もいます。黒松といえば、大名屋敷の庭に好んで植えられた樹木のひとつです。常に変わらぬ姿の松はサムライにも好まれました。ここでタイミングよく徳川家に仕えた大名の話ができます。

19世紀中頃まではこのあたり一帯の様子は今と

에도 성

우선 1590년부터 약 260년간 에도 막부 본거지였던 에도 성으로 가봅시다. 15세기에 오타 도칸(1432~1486)이 세운 에도 성은 도쿠가와 이에야스로부터 3대 장군 이에미쓰(1604~1651)까지 100여 년 만에 일본 최대의 성곽으로 변모했습니다. 성 주변에 일본 글자 히라가나의 '노(の)' 자를 그리듯이 소용돌이 모양으로 해자를 만들었습니다. 그 길이는 전체 약 26km에 달합니다. 소토보리(성 바깥쪽 해자)는 많이 매립되었지만 우치보리(성 안쪽 해자)는 지금도 황거를 둘러싸고 있고 물가에는 백조와 오리가 유유히 헤엄치고 있습니다. 주위의 교통 정체로 초조해하는 운전자들에게 짧은 평온함을 주기도 합니다.

빨간 벽돌 건물인 JR도쿄역의 마루노우치 중앙 출구로 나오면 바로 코앞에 재개발로 새로워진 마루노우치 빌딩이 있는데 그 빌딩과 신마루노우치 빌딩 사이에 있는 큰길로 곧장 가면 해자가 있는 교차로가 나옵니다. 좀 더 직진하면 목적지인 황거 앞 광장이 보입니다. 훌륭하게 꾸며놓은 검은 소나무를 보고 분재로 착각하는 외국인도 있습니다. 검은 소나무는 다이묘 저택의 정원에 즐겨 심었던 수목 중 하나입니다. 소나무는 항상 변하지 않는 모습 때문에 무사들이 좋아했습니다. 여기서 잠깐 도쿠가와 가문을 섬긴 다이묘에 대한 이야기를 들려드리겠습니다.

江戸城 에도 성

はまったく違っていました。会津藩松平肥後守上屋敷など大名屋敷が10棟ほど立ち並んでいました。実は今歩いてきた道、東京駅も含めて、あたり一帯は堀の内側であり、30以上の大名の上屋敷が城の本丸を守る役割も担いつつその豪華な屋敷を誇っていたところでした。現在の地名はその名残で丸の内、つまり、城の総構を意味する「丸」の内側ということです。

またこのあたりは掘が掘られる以前は江戸湾の入り江が広がり、銀座も築地もまだ水の底でした。日比谷は海水が入り込む浅瀬で、海苔をとる杭のような「ひび」が仕込まれていたのでひびの谷、つまり日比谷と呼ばれました。ちなみに東京駅からひとつ目のお堀との交差点を日比谷通りに沿って左へ曲がり、3つ目の角の左側にはお城や大名屋敷を火事から守る消防隊の屋敷がありました。上級消防士、火消し同心の子供としてこの地で生まれたのが浮世絵絵師、歌川広重です。生粋の江戸っ子です。名所江戸百景や東海道五十三次などの浮世絵で知られる海外でも人気の高い絵師、広重の誕生の地です。

皇居前広場を横切る内堀通りに出ます。桔梗門や坂下門は数ある江戸城への入り口でした。内堀の角に建つのが巽櫓です。東京で唯一真近に見ら

19세기 중반까지 이 지역 일대는 지금과 전혀 달랐습니다. 아이즈 한의 다이묘 저택인 마쓰다이라 히고노카미 가미야시키 등이 10채 정도 나란히 서 있었습니다. 실은 지금 걸어온 길, 도쿄역을 포함해서 이 주변은 다 해자의 안쪽이었으며, 30채 이상의 다이묘 가미야시키(지방을 다스리는 다이묘가 에도에 있을 때 쓴 저택)가 성의 혼마루(성의 중심)를 지키는 역할도 하면서 그 호화로움을 자랑하고 있었습니다.

현재 지명인 마루노우치는 요컨대 성의 외곽을 말하는 '마루(동그라미)'의 '우치(안쪽)'라는 뜻입니다.

게다가 이 주변은 해자를 파기 전에는 에도 만의 포구가 펼쳐져 있었고, 긴자도 쓰키지도 아직 바닷속에 있었습니다. 히비야는 해수가 들어오는 얕은 여울이며, 김을 양식하기 위해 바닷속에 세우는 대나무가지로 만든 '히비(어살)'가 박혀 있어서, 어살골(히비의 마을)이란 뜻의 '히비야'라고 불렸습니다. 도쿄역에서 출발해 해자와 만나는 첫 번째 교차로를 왼쪽으로 돌아 히비야도리 길을 따라갑시다. 세 번째 길모퉁이에서 왼쪽을 보면 성이나 다이묘 저택을 화재로부터 보호하는 소방서 자리가 있습니다. 우키요에 화가로 유명한 우타가와 히로시게(1797~1858)는 히케시(세습 상급 소방관)의 아들로 이곳에서 태어난 에도 토박이었습니다. 히로시게는 메이쇼에 도케이, 도카이도 고주산쓰기 등의 우키요에로 잘 알려져 있고 해외에서도 높은 평가를 받고 있습니다.

황거 앞 광장을 가로지르는 우치보리도리 길로 나와봅시다. 기쿄몬과 사카시타몬은 에도 성의 수많은 입구들 중 하나입니다. 안쪽 해자의 모퉁이에는 다쓰미야구라라는 감시탑이 서 있습니다. 이것은 도쿄에서 유일하게 가까이에서 볼 수 있는 일본 성곽의 하나로 회반죽으로 만든 벽, 돌을 떨어뜨리는 퇴창과 총이나 활을 쏘는 총안이 인상적

れる日本の城郭建築のひとつであり、特徴ある漆喰総塗り壁、石落とし用出窓、鉄砲や弓を撃つ狭間が見られます。遠方に見える富士見櫓にもご注目。1659年に建てられた3層の櫓です。1657年の大火で消失した天守閣に変わって江戸城のシンボル的櫓として現存し、今に至っています。

東御苑

正門である大手門へはお堀に沿って北へ進みます。少し左へカーブすればすぐです。大名たちが登城する際は必ずこの門で下乗して入城しました。皇宮警察官のにこやかな挨拶を受けながら大名気分で本丸への道筋をたどります。お目当ては東御苑の二の丸庭園です。

大手門は城の表玄関です。敵の集中攻撃を受ける可能性が高い場所なので、敵のさらなる進行を防ぐため、門内は枡形と呼ばれる防御施設になっています。高麗門と呼ばれる一番目の門を入ってきた敵は、四方を囲まれ、身動きができなくなります。そこへ上から、横からと火を放つなどの攻撃をしかけるのです。高麗門の一部は由緒ある江戸時代からの遺構で、銅板により防火補強されています。正門にふさわしい頑強なつくりとなっています。

門を通り過ぎて左へ曲がったところに警備受付があるので、そこでプラスチックの入城札を受け取ってください。真っすぐ進んで次の城門跡の石垣の間を進むと長い百人番所があり、ここで大きく右へ曲がると目の前に高い石垣です。主に安山岩でできており、上に向かっ

입니다. 또한 멀리 보이는 후지미야구라(후지미탑)도 주목해볼 만합니다. 1659년에 세워진 3층짜리 탑입니다. 1657년에 큰 화재로 소실된 덴슈카쿠(천수각)를 대신해 에도 성의 상징적 역할을 하며 지금에 이르고 있습니다.

히가시교엔

정문인 오테몬에 가기 위해서는 해자를 따라 북쪽으로 향해야 됩니다. 조금 왼쪽으로 돌아가면 바로 있습니다. 다이묘들이 성에 들어갈 때는 반드시 이 문 앞에서 가마나 말에서 내려 입성했습니다. 황궁경찰관의 친절한 인사를 받으면서 다이묘가 된 기분으로 성의 중심으로 향하는 길을 따라갑니다. 주목할 만한 것은 히가시교엔의 니노마루 정원입니다.

오테몬은 성의 정문입니다. 적의 집중 공격을 당할 가능성이 높은 곳이기 때문에 맹렬한 침공을 막기 위해 문 안에 방어 시설이 설치되어 있습니다. 고라이몬(고려문) 형식의 첫 번째 문을 들어온 적은 사방으로 둘러싸여서 꼼짝도 못하게 됩니다. 그 틈을 타서 성벽 위와 옆에서 불을 지르는 등의 공격을 합니다. 고라이몬의 일부는 에도 시대부터 있었던 유서 깊은 곳으로서 동판으로 만들어 방화력이 보강되어 있습니다. 정문에 걸맞게 견고한 짜임새를 갖고 있습니다.

문을 지나 왼쪽으로 돌아가면 경비 접수처가 있는데 거기서 플라스틱으로 된 입장표를 받으십시오. 똑바로 직진해서 다음 성문 터의 돌담 사이를 지나가면 옆으로 길게 지은 햐쿠닌반쇼(경비들의 대기소)가 있

百人番所　大手門から本丸に入るときに最大の検問所。警備をまかされた各組には同心が百人ずつ配属されたという。
하쿠닌반쇼　오테몬에서 성의 중심 건물인 혼마루에 들어갈 때의 제일 큰 검문소. 경비를 맡은 각 조에는 100명씩 배속되었다고 한다.

汐見坂　本丸と二の丸をつなぐ坂道で、昔はこの辺りまで日比谷の入り江が入り込んでいたため、坂から海を眺めることができた。
시오미자카　성의 중심 건물과 성의 외곽을 잇는 비탈길이고, 옛날에는 이 근처까지 히비야의 후미가 안쪽까지 쑥 들어와 있었기 때문에 언덕에서 바다를 바라볼 수 있었다.

て曲線を描く美しさに当時の土木技術の高さが実感されます。

右側の雑木林を通路に沿って抜けたところに、高名な庭師の小堀遠州作といわれている二の丸庭園が復元されました。春はしだれ桜、続いて紫陽花、菖蒲、藤、夏は百日紅、秋は紅葉、冬は椿と四季おりおりの花で出迎えてくれる将軍の庭です。時間があれば、先ほどの石垣に戻って汐見坂を登り本丸跡を訪れてみてください。天守閣跡に登り、天下取り気分を味わってひと休みです。

二重橋

大手門に戻ってお堀端を東京タワー方面へ向かって歩き、もう一度、巽櫓、その先の桔梗門、坂下門を見ながら10分ほどで二重橋に到着です。手前の石橋と後方の鉄橋が総称で二重橋と呼ばれています。徳川家が城を去った後、江戸城は東京城となり、16歳の明治天皇が京都から移り住むことになります。新宮城は江戸城の本丸跡地ではなく、西の丸跡地に建てられました。西の丸への門が宮城への正門となり、二重橋となって今に至っています。眼鏡橋とも呼ばれる石橋をバックに記

* 니주바시(이중교): 궁내청 홈페이지에 의하면 뒤에 있는 철제 다리만 니주바시라고 부른다. ─역자 주

고, 거기에서 오른쪽으로 돌면 바로 눈앞에 높은 돌담이 보입니다. 주로 안산암으로 되어 있고 위쪽을 향해 곡선을 그리고 있는 그 아름다움에 당시의 수준 높은 토목 기술을 실감할 수 있습니다.

오른쪽에 있는 잡목림의 오솔길 통로를 따라 빠져나가면 유명한 정원사 고보리 엔슈가 만들었다고 하는 니노마루 정원이 복원되어 있습니다. 봄에는 시다레자쿠라(수양벚나무), 수국, 창포, 등꽃, 여름에는 백일홍, 가을에는 단풍, 겨울에는 동백꽃 등 계절마다 여러 가지 꽃들이 맞이해주는 장군의 정원입니다. 시간이 있으면 아까 지나온 돌담으로 돌아가서 시오미자카에 올라 혼마루 터를 찾아가 보십시오. 덴슈카쿠 터에 올라가 천하를 얻은 기분을 맛보면서 잠깐 쉬도록 하겠습니다.

니주바시

오테몬으로 돌아와 해자가 있는 곳에서 도쿄 타워 방향으로 걸어가다 다시 한 번 다쓰미야구라, 그 앞에 있는 기쿄몬과 사카시타몬을 보면서 10분 정도 가면 니주바시에 도착합니다. 바로 앞에 있는 돌다리와 뒤에 있는 철제 다리를 총칭하여 니주바시(이중교)*라고 부릅니다. 도쿠가와 가문이 성을 떠난 후 에도 성은 도쿄 성이 되었고, 16세인 메이지 천황이 교토에서 옮겨 와 도쿄 성에서 살게 되었습니다. 새 궁전은 에도 성의 혼마루 터가 아니고 니시노마루 터에 세워졌습니다. 니시노마루로 가는 문이 궁전의 정문이 되면서 니주바시라 불리며 현재까지 이어지고 있습니다. 안경 다리라고도 하는 돌다리를 배경으로 기념사진 찍는 것을 잊지 마십시오. 영어로는 "Let's enjoy a Kodak mo-

念写真をお忘れなく。英語では"Let's enjoy a Kodak moment!"ですが、ここは日本なので"Let's enjoy a Fuji moment!"、このジョーク、ちょっと受けます。お試しを。

日本の天皇の地位は7世紀頃には確立していたといわれます。隋書倭国伝によると、当時の皇子であった聖徳太子が送った遣隋使の国書に、「日出づる処の天子、書を日没する処の天子にいたす」、また日本書記には「東の天皇、敬しみて西の皇帝にもうす」という文言があったとのことです。天皇という名称が初めて使われ、内外にその存在を表明したわけです。現代のデリケートな日中関係を思うと、古代の人々の堂々とした威厳に満ちた発言に驚きます。

その後、万世一系の天皇家の血筋は現在の125代平成天皇まで存続し、現日本国憲法で国民の象徴としてその存在が認められています。国民の多くが天皇家の存在には好意的な気持ちを持っているようです。世界にもあまり例を見ない長い歴史を生きてきた天皇家です。年に2度、この二重橋を渡って一般庶民が新宮殿に参賀できる機会があります。また、事前に予約の申請をすれば、皇居の一部見学が可能です。皇居も少しずつ開かれたものになりつつあります。

二重橋 니주바시

二重橋を背にして真っすぐ進み、右に曲がると芝生の一角に大きな銅像があります。アメリカ映画のスター

ment!"라고 하지만 여기는 일본이니까 "Let's enjoy Fuji moment!"라고 해야겠죠. 이 농담이 잘 통할 겁니다. 꼭 한 번 말해보세요.

일본 천황의 지위는 7세기경에 확립되었다고 합니다. 『수서』 왜국전에 의하면 당시 황자였던 쇼토쿠타이시(성덕태자 572~621)가 보낸 견수사의 국서에 "해가 뜨는 나라의 천자가 해가 지는 나라의 천자에게 편지를 보낸다"라는 글이 있었다고 하며, 또 『일본서기』에는 "동쪽 나라의 천황이 서쪽 나라의 황제에게 경의를 표하는 글을 올립니다"라는 글이 있었다고 합니다. 천황이라는 명칭이 처음으로 사용되고 국내외에 그 존재를 표명한 것입니다. 지금의 껄끄러운 중일 관계를 생각하면 고대인의 당당한 위엄이 넘치는 발언에 놀라지 않을 수 없습니다.

그 후, 한 혈통으로 이어온 천황 가문은 현재 제125대 아키히토 천황까지 존속되어, 현 일본의 국가헌법에서 국민의 상징으로 그 존재가 제정되어 있습니다. 많은 국민이 천황 가문의 존재에 호의를 가지고 있는 것 같습니다. 세계 다른 어느 나라에서도 이와 같은 예를 찾아보기 힘들 만큼 긴 역사를 지켜온 천황 가문입니다. 1년에 두 번, 이 니주바시를 건너서 서민들이 천황과 황후 양 폐하를 비롯한 황족을 뵐 수 있는 기회가 있습니다. 또한 사전 예약을 신청하면 황거의 일부를 견학할 수 있습니다. 황거도 조금씩 개방하는 쪽으로 바뀌고 있습니다.

니주바시를 등지고 직진하다가 오른쪽으로 돌면 잔디밭 한쪽 구석에 커다란 동상이 있습니다. 미국 영화 〈스타워즈(Star Wars)〉에 나오는 다스 베이더가 쓴 것 같은 투구를 쓰고 말을 타고 있는 사무라이는 구스노키 마사시게(?~1336)입니다. 14세기 무가 정치에 이의를 제기하며 천황에 의한 정치 회복을 바라고 계략을 꾸몄지만 실패함으로써 억울한 죽음을 맞은 고다이고 천황(1288~1339)이 있었는데, 구스노키 마사시게

ウォーズに出てくるダース・ベイダーに似た兜をかぶった馬上のサムライは楠正成です。14世紀、武家の政治に異を唱え、天皇による政治の復権を願って画策し、失敗し、無念の死をとげた後醍醐天皇。その天皇の忠臣として知られる武将です。馬を駆けて天皇を救うべく走っている姿が銅像になりました。日本が近代化へとまっしぐらに走り始めた明治時代、当時日本を代表する彫刻家だった高村光雲の1900年の作です。

ところで日本の天皇がなぜ1300年あまり天皇であり続けられたのか? この大きな疑問にはどのように答えたらよいのでしょうか。ここで再登場するのは日本独特のバランス感覚です。12世紀から武士階級が政治、経済、軍事を担い始めたとき、天皇は国の伝統文化的行事や自然と人間との深いかかわりを宗教化したともいえる日本古来の神道の儀礼を執り行い、継承する役割を担うことで権威の保持に努めたのです。権力を求めて武士が戦い続けている間、天皇家は京都の宮城にとどまり続けました。武士が歴史から消えていった後も、天皇家が存続できた理由のひとつではないでしょうか。

東京のガイドも皇居にてひとまずお別れです。本書では通訳ガイドがご案内している東京の見所をご紹介しました。一歩細い道に踏み込んだり、時に立ちどまりながら、皆様が今と昔の日本を感じ、より興味深く東京を満喫していただけることを願って、See you again!

는 그 천황의 충신으로 알려진 무장입니다. 말을 타고 천황을 구하기 위해 달리는 모습을 동상으로 만들었습니다. 일본이 근대화를 위해 돌진하기 시작한 메이지 시대에 당시 일본을 대표하는 조각가였던 다카무라 고운(1852~1934) 등이 1900년에 만든 작품입니다.

그런데 어떻게 일본 천황은 1300년가량 천황으로 존재할 수 있었을까요? 그 큰 의문에 어떻게 대답하면 좋을까요? 여기서 다시 등장하는 것은 일본의 독특한 균형 감각입니다. 12세기부터 무사 계급이 정치, 경제, 군사를 맡기 시작했을 때 천황은 나라의 전통 문화 행사나 자연과 인간과의 깊은 관계를 종교화했다고도 할 수 있는 일본 고유의 신도 의례를 행하며 계승 역할을 하는 것으로 권위를 유지하려고 노력했습니다. 권력을 잡으려고 무사들이 서로 싸우는 동안에 천황 가문은 교토에 있는 궁전에 계속 머물렀습니다. 무사가 역사에서 사라진 뒤에도 천황이 존속할 수 있었던 이유 중 하나가 아닌가 생각됩니다.

도쿄 가이드도 황거로 일단 끝을 맺겠습니다. 이 책에서는 통역 가이드가 안내하는 도쿄의 볼거리를 소개해 드렸습니다. 좁은 길로 한 발 더 들어가 보거나 때로는 멈춰 서기도 하면서 지금과 옛날의 일본을 느끼고 더 흥미롭게 도쿄를 만끽하기 바랍니다. 다시 만날 때까지 안녕히 계세요!

著者 松岡明子
東京、六本木育ち、米国カリフォルニア·カーメル市内のホテルに勤務後、外資系企業重役秘書を経て、通訳案内士国家資格を取得。通訳ガイドとして20数年のキャリアを持ち、米国元国務長官、各国皇族、ハリウッド映画監督や主演俳優、日本大手企業招待インセンティブツアーのガイドや英語通訳司会などで活躍。NPO法人通訳ガイド&コミュニケーション·スキル研究会(GICSS)·副理事長。

監修 伊藤英人·承賢珠
伊藤英人/ 東京外国語大学大学大学院修士課程修了。ソウル大学校人文大学大学院国語国文学科博士課程に留学。元東京外国語大学大学院准教授。朝鮮語研究会前会長(2011~2015年)。現在、国際日本文化研究センター共同研究員、東京大学、早稲田大学、明治大学、東洋文庫アカデミア、コリ文語学堂講師。通訳案内士。専門は韓国語学。

承賢珠/ 韓国漢陽大学校一般大学院国語国文科修士課程を卒業。現在、日本外務省、湘南工科大学、東海大学エクステンションセンター、コリ文語学堂の各韓国語講師をつとめる。著書に『ハングル検定対策3級問題集』(共著白水社)、『韓国語単語集』(共著新星出版社)、訳書に『日本の衣食住まるごと事典』(IBC)がある。

著者 コリ文語学堂 クンサンゼミ
コリ文語学堂(金順玉主宰)で自主的に運営されている韓国語学習の集い。クンサンは漢字で表記すると「槿桑」。韓国の美称「槿域」と日本の古称「扶桑」から1字ずつを採って伊藤が名付けた。毎月1回日曜日に、横浜のコリ文語学堂で和文韓訳と韓国小説の会読を行っている。実際に日韓通訳翻訳や韓国語教育に携わる受講生と講師の切磋琢磨の学びの場となっている。

1章 水谷幸惠/ 東京都出身、明治大学文学部卒業。現在、東京都職員。東京都とソウル特別市との交流事業として、朝鮮通信使シンポジウム(1998年)、韓国映画祭(2001年)などを担当した。

지은이 마쓰오카 아키고
도쿄도 출신으로 롯폰기에서 자랐다. 미국 캘리포니아 카멜 시내의 호텔에서 근무 후 외자계 기업 중역 비서를 거쳐 통역 안내사 국가 자격을 취득했다. 통역 안내사로서 20년 이상 경력을 쌓았다. 전 미국 국무장관, 각 국가의 황족, 할리우드 영화감독과 주연 배우, 일본 대기업 초대 인센티브 투어의 가이드나 영어 통역의 사회 등을 보며 활약했다. NPO 법인 통역 가이드&커뮤니케이션 스킬 연구회(GICSS) 부이사장이다.

감수 이토 히데토·승현주
이토 히데토/ 도쿄외국어대학원 석사과정을 졸업했고 서울대학교 대학원 박사과정을 수료했다. 전 도쿄외국어대학 대학원 준교수, 조선어연구회 회장(2011~2015)을 역임했으며 현재 국제일본문화연구센터 공동연구원, 도쿄대학·와세다대학·메이지대학·동양문고아카데미·코리분어학당 강사, 통역 안내사(전문 한국어학)이다.

승현주/ 한양대학교 대학원 국어국문학과 석사과정을 졸업했다. 현재 일본외무성, 쇼난공과대학, 도카이대학 익스텐션센터, 코리분어학당의 한국어 강사이다. 공저에 『한글검정대책3급문제집』, 『한국어단어집』이 있고 역서에 『일본 의식주 사전』이 있다.

옮긴이 근상제미
코리분어학당(김순옥 주재)에서 학생들이 자율적으로 운영하고 있는 한국어 학습 동아리. 근상(槿桑)은 한국을 가리키는 아름다운 명칭 '槿域(무궁화가 많이 피어 있는 땅)'과 일본의 옛 명칭 '扶桑(중국 전설에서 동해의 해가 돋는 곳에 있다는 신성한 나무)'으로부터 한 글자씩 따 온 것이다. 매월 1회 일요일에 일문 한국어 번역과 한국 소설 연구 모임을 하고 있다. 실제로 한국어 통·번역 분야에서 활약하거나 한국어 교육에 종사하는 수강생과 강사가 서로 절차탁마하는 '배움터'이다.

1장 미즈타니 유키에/ 도쿄도 출신이며 메이지대학 문학부를 졸업했다. 현재 도쿄도 직원이다. 도쿄도와 서울특별시의 교류 사업으로서 조선통신사 심포지엄(1998), 한국영화제(2001) 등을 담당했다.

2章 原美穂/ 東京都出身。青山学院大学卒業。延世大学校言語教育院韓国語学堂、西江大学校韓国語教育院に語学留学。現在、日本語教師。通訳案内士。

3章 宮田裕子/ フェリス女学院大学国際交流学部 国際交流学科 卒業。韓国人留学生との交流で韓国語に興味を持つ。高麗大学韓国語センター留学。

4章 宋明舜・柴山妃奈子/ 宋明舜/ 神奈川県生まれ在日韓国人3世神奈川朝鮮中高級学校 卒業。現在は行政書士 韓国語の通訳翻訳にも携わる。

5章 小川真紀子/ 福岡県出身中央大学卒業。2009年より韓国語を学び、現在韓国文化産業交流財団にて日本通信員として活動中。

6章 金正美/ 東京都出身。明治大学卒業。韓国文学翻訳院特別課程修了。第13回韓国文学翻訳新人賞受賞。

7章 松山麻衣子/ 日本で洗足学園音楽大学音楽学科を卒業した。韓国旅行を通して韓国語や韓国文化に関心を持つようになり、高麗大学韓国語センターで学んだ。

8章 柴山妃奈子/ 島根県出身。島根県立国際短期大学(現島根県立大学)卒業。延世大学校韓国語学堂6級卒業。韓国語能力試験6級。韓国商社勤務などを経て、現在は外国人観光案内所にて勤務中。

9章 倉内由美子/ 法政大学　社会学部卒業。韓流ブームにより韓国に関心を持った。

10章 吉川トシコ/ 延世大学韓国語学堂で学ぶ。現在東京にあるAICC文化センター等で韓国語講師として活動中。

2장 하라 미호/ 도쿄도 출신이며 아오야마가쿠인대학을 졸업했다. 연세대학교 한국어학당, 서강대학교 한국어교육원에서 연수했다. 현재 일본어 교사(통역 안내사).

3장 미야타 유코/ 페리스여학원대학 국제교류학부 국제교류학과를 졸업했다. 한국인 유학생과의 교류 중 한국어에 관심이 생겼다. 고려대학교 한국어센터에서 연수했다.

4장 송명순·시바야마 히나코/ (송명순) 재일교포 3세로 유치원부터 고등학교까지 조선학교를 다녔다. 현재는 일본에서 행정서사 일을 하며 한국어 번역도 하고 있다.

5장 오가와 마키코/ 주오대학교 문학부를 졸업했다. 2009년부터 한국어를 배우기 시작했고 현재 한국문화산업교류재단 일본 통신원으로 활약하고 있다.

6장 김정미/ 도쿄도 출신이며 메이지대학을 졸업했다. 한국문학번역원 특별과정을 수료했고 제13회 한국문학번역 신인상을 받았다.

7장 마쓰야마 마이코/ 일본에서 센조쿠가쿠엔음악대학교 음악학과를 졸업했다. 한국 여행을 통해 한국어, 한국 문화에 관심을 갖게 되었으며, 고려대학교 한국어센터에서 연수했다.

8장 시바야마 히나코/ 시마네 현 출신이며 시마네현립국제단기대학(현 시마네현립대학교)을 졸업했다. 연세대학교 한국어학당에서 연수했다. 한국상사에서 근무한 적이 있고 현재는 외국인관광안내소에서 일하고 있다.

9장 구라우치 유미코/ 호세대학 사회학부를 졸업했다. 한류 붐으로 한국에 관심을 갖게 되었다.

10장 요시카와 도시코/ 연세대학교 한국어학당에서 연수했다. 현재 도쿄에 있는 문화센터 한국어 전임강사로 활동하고 있다.

도쿄 산책

지은이 | 마쓰오카 아키고
감 수 | 이토 히데토·승현주
옮긴이 | 근상제미
펴낸이 | 김종수
펴낸곳 | 한울엠플러스(주)
편 집 | 배유진

초판 1쇄 인쇄 | 2016년 6월 28일
초판 1쇄 발행 | 2016년 7월 12일

주소 | 10881 경기도 파주시 광인사길 153 한울시소빌딩 3층
전화 | 031-955-0655
팩스 | 031-955-0656
홈페이지 | www.hanulmplus.kr
등록번호 | 제406-2015-000143호

Printed in Korea
ISBN 978-89-460-6163-7 03980

* 책값은 겉표지에 표시되어 있습니다.